DAPOLIN BENZIN

Im Zeichen des Verkehrs!

15 000 Depots in Deutschland

Deutsch-Amerikanische Petroleum-Gesellschaft

München, Karlstraße 10

Tel. 56 4 51

Die Universal-Police für Kraftfahrzeug-Versicherung

der Bayerischen Versicherungsbank Aktiengesellschaft

vorm. Versicherungs-Anstalten der Bayerischen Hypotheken- u. Wechselbank

u. d. Bayer. Lebens- u. Unfallversicherungsbank A.-G.

München, Ludwigstraße 12

Vertragsgesellschaften des Bayerischen Automobil-Clubs e. V. in München

deckt die Gefahren:

1. der Haftpflicht des Kraftfahrzeughalters und -Lenkers,
2. des Unfalls namentlich bezeichneter Personen (Besitzer, Direktoren x.),
3. des Unfalls des angestellten Wagenführers,
4. des Unfalls der sonstigen Insassen,
5. der Beschädigung oder des Verlustes des Kraftwagens.

Zu 1.: Haftpflicht des Kraftfahrzeugbesitzers und -Lenkers.

Für die Haftung kommen zwei Gesetze in Frage:

a) **Das Gesetz über den Verkehr mit Kraftfahrzeugen von 1909 (Automobilgesetz).** Art der Haftung: Erfolgshaftung. Höhe der Haftung: begrenzt.

b) **Das Bürgerliche Gesetzbuch.** Art der Haftung: Schuldhaftung. Höhe der Haftung: unbegrenzt!

Die Schärfe der Gesetze liegt bei dem Gesetz über den Verkehr mit Kraftfahrzeugen von 1909 in der Art und beim Bürgerlichen Gesetzbuch in der unbegrenzten Höhe der Haftung. Die Fälle, die nach dem Bürgerlichen Gesetzbuch abgeurteilt werden, können den Kraftfahrzeughalter mit dem völligen Ruin bedrohen. Man beachte dies bei der Wahl der Versicherungssummen!

Zu 2. bis 4.: Personen-Unfall.

Die Tages- und Fachpresse füllt täglich ganze Spalten mit schwersten Unfallmeldungen im Kraftfahrzeugverkehr. Die Unglücksfolgen sind meist Invalidität und Tod! Selbst der zuverlässigste und vorsichtigste Lenker ist vor Unglück nicht geschützt. Ob eine Schuld vorliegt oder nicht, der Kraftfahrzeugbesitzer trägt für die sein Fahrzeug benutzenden Personen auch eine moralische Verantwortlichkeit. Zur eigenen Beruhigung muß er daher rechtzeitig durch ausreichende Unfallversicherungen sorgen. Das Automobilgesetz schließt ausdrücklich Haftpflichtansprüche der Insassen von Kraftfahrzeugen gegen den Besitzer aus; die Insassen sind also lediglich auf das BGB. angewiesen. Die moralische Verpflichtung ist daher um so größer. — Menschenleben und die Gesundheit der dem Kraftfahrzeugbesitzer vielfach nahestehenden Insassen stehen auf dem Spiel. Not und Elend kann die Folge einer versäumten Unfallversicherung sein. Jeder Kraftfahrzeugbesitzer möge dies reiflich bedenken!

Zu 5.: Beschädigung oder Verlust des Kraftfahrzeuges.

Gegenüber der Haftung des Kraftfahrzeugbesitzers und den Gefahren, welche durch Personen-Unfall im Kraftfahrzeugbetrieb drohen, fällt die Gefahr der Beschädigung oder des Verlustes des Kraftfahrzeuges kaum ins Gewicht. Trotzdem können wirklich schwere Beschädigungen oder gar der Verlust des ganzen Fahrzeuges für den Besitzer einen empfindlichen Schaden bedeuten. — Man versichere daher sein Fahrzeug gegen die schweren Fälle der Beschädigung oder gegen den Totalverlust und verzichte auf die Versicherung kleiner Unfälle, die für den Besitzer finanziell nicht ins Gewicht fallen u. deren Selbstregelung ihm vielfach lästig empfundene Formalitäten erspart.

*

Bayerischer Automobil=Club

Sitz München

Residenzstraße 27/II ⟨Preysing=Palais⟩

Generalsekretariat, Organisationsreferat und Kassen=
verwaltung: Telefon 21035
Sportabteilung, Verkehrsreferat und Presseabteilung:
Telefon 23394
Versicherungsabteilung, Geschäftsstelle der Bayerischen
Versicherungsbanken für sämtliche Versicherungsarten:
Telefon 296576
Clubräume: Telefon 22552

Verwaltungsbezirk Nürberg=Fürth

Clubräume: Nürnberg, Lorenzerstr. 31/I, Tel. 20131
Geschäftsstelle d. Verwaltungsbezirks: Lorenzerstr. 31/I,
Telefon 22576
Zweigstelle der Zentralabteilungen: Lorenzerstr. 31/I,
Telefon 22172

Verwaltungsbezirk Pfalz

Geschäftsstellen:
Kaiserslautern: Dr. Eugen Schmidt, Badstr. 2, Tel. 952
Ludwigshafen: Dr. Willy Tischbein, Rich. Wagnerstr. 14

Geschäftsstellen

Augsburg	Kempten	Pappenheim
Bamberg	Kissingen	Passau
Berchtesgaden	Landshut	Regensburg
Coburg	Lindau	Reichenhall
Garmisch=Par=	Ludwigshafen	Schweinfurt
tenkirchen	Neu=Ulm	Tölz
Kaiserslautern	Nürnberg	Weilheim

Ausführliche Auskünfte über die Vorteile, die der Club
seinen Mitgliedern gewährt, erteilt das General=
sekretariat und die Geschäftsstellen

Continental
Ballon
Reifen

EINFÜHRUNG IN DIE TECHNIK DES KRAFTFAHRWESENS

VON

ERICH STAHL

**POLIZEI-HAUPTMANN BEI DER POLIZEIDIREKTION
MÜNCHEN**

MIT 109 ABBILDUNGEN

MÜNCHEN UND BERLIN 1926
DRUCK UND VERLAG VON R. OLDENBOURG

Vorwort.

Anläßlich der ·bayrischen polizeiwissenschaftlichen Woche 1926 in München habe ich einen Vortrag über das Thema „Einführung in die Technik des Kraftfahrwesens" gehalten. Bei dem Vortrag bin ich von dem Gesichtspunkt ausgegangen unter Weglassung technischer Einzelheiten die Arbeitsweise des Verbrennungsmotors, seine einzelnen Bestandteile, deren Konstruktion und Aufgabe an Hand von Lichtbildern und an Hand eines in einfacher Form gehaltenen Lehrfilms in leicht verständlicher Weise zu erläutern. Die von verschiedenen Seiten an mich ergangene Anregung hat mich veranlaßt dieses Büchlein zu schreiben. Es ist kein Lehrbuch, das die Materie erschöpfend behandelt, wie dies der Fachmann vielleicht erwartet, und soll es auch nicht sein. Es soll vielmehr dem Laien und Anfänger ermöglichen sich durch Selbststudium über die technischen Vorgänge prinzipiell Klarheit zu verschaffen. Es soll nur das Wissen umfassen, das jeder braucht, der in irgendeiner Form mit dem Kraftfahrwesen zu tun hat, und das gleichzeitig für die Ausbildung zum Kraftfahrer die unerläßliche Grundlage bildet. So soll denn das Büchlein dem Anfänger ein Lehrer, dem Schüler ein guter Berater, dem Lehrer aber ein Hilfsgenosse sein.

Um diese Grundbegriffe einem großen Interessentenkreis in verhältnismäßig kurzer Zeit vermitteln zu können, habe ich mit Firma Arnold & Richter, München, einen im Rahmen dieses Buches gehaltenen Lehrfilm ausgearbeitet. Gerade für den technischen Unterricht ist der Lehrfilm wohl das geeignete Mittel. Er ermöglicht es maschinelle Vorgänge in ihre Einzelphasen zu zerlegen und somit ihre Funktion klar zum Ausdruck zu bringen.

Inhaltsverzeichnis.

Seite

Vorwort 3

I. Der Viertaktmotor — Arbeitsweise 7
Die vier Takte 9

II. Die Hauptbestandteile des Motors
und ihre Aufgaben 13
Zylinder und Kolben 13
Pleuelstange und Kurbelwelle 14
Ventile und ihre Steuerung 17
Nockenwelle 18
oben- und unten gesteuerte Ventile . . . 20
Vergaser. 22
Der Kompressor 26
Magnetzündung 27
Entstehung des Stromes . . . . . . 27—29
Der Magnetzündapparat 29
Unterbrecher 30
Verteiler 31
Zündkerze 34
Früh- und Spätzündung 34
Zündfolge 35
Bosch Licht- und Anlasseranlage 35
Kühlung 36
Luftkühlung 37
Wasserkühlung 37
Schmierung 40
Auspufftopf 42
Steuer- und Effektivleistung des Motors . . . 43

III. Das Fahrgestell 47
Kupplung 47
Wechselgetriebe 49
Kardan und Kardanwelle 55
Hinterachse und Ausgleichsgetriebe 55
Lenkung 57
Bremseinrichtungen 59
Bereifung 66
Abnehmbare Felgen und Räder 71

Seite

IV. Die gebräuchlichsten Wagentypen
und ihre Bezeichnung 73

V. Das Kraftrad 84

VI. Verhalten bei Vergaser- und Garagen-
bränden. 92

VII. Geschwindigkeitstabellen. 95

VIII. Deutsche und internationale Er-
kennungszeichen 100

I. Der Viertaktmotor.

Arbeitsweise. Der Hauptbestandteil des Kraftfahrzeuges ist die Kraftquelle — der Motor. Für Kraftfahrzeuge sind als Kraftquelle die verschiedenartigsten Kraftmaschinen zur Verwendung gekommen. Die heute fast ausschließlich im Gebrauch befindliche Kraftquelle ist der Verbrennungsmotor. Man unterscheidet zwischen Viertakt- und Zweitaktverbrennungsmotoren. Zweitaktmotoren sind nur vereinzelt anzutreffen, während der Viertaktmotor heute allgemeine Verbreitung gefunden hat. Die folgenden Ausführungen bleiben deshalb auf die Bauart und Arbeitsweise des Viertaktmotors beschränkt.

Wenn wir vom Verbrennungsmotor sprechen, interessiert uns in erster Linie die Frage, wo kommt die Kraft, die dieser räumlich kleine Motor erzeugt, her, und wie kommt sie zustande. Bei der Dampfmaschine ist es der Druck des sich mit ungeheurer Gewalt ausdehnenden Dampfes, der den Kolben im Zylinder hin- und herschiebt und so die Räder der Lokomotive in Bewegung setzt. Beim Verbrennungsmotor ist es der Druck zur Explosion gebrachter Gase, der in sinnreicher Weise zur Arbeitsleistung gezwungen wird.

Beim Vorgang in der Waffe beim Schuß wird durch eine kleine Stichflamme die Pulverladung zur Entzündung gebracht. Das Pulver verbrennt, d. h. es wird in gasförmigen Zustand umgewandelt. Dies geschieht unter einer Wärmeentwicklung von 2000 bis 3000° C. Die heißen Pulvergase haben das Bestreben, sich mit ungeheurer Gewalt nach allen Seiten hin auszudehnen. Hiedurch wird das in den Lauf gepreßte Geschoß ins Freie getrieben (Abb. 1).

Damit ist das Geheimnis des Benzinmotors im Prinzip schon enthüllt. Wie beim Vorgang in der Waffe beim Schuß die Pulvergase sich mit ungeheurer Gewalt ausdehnen und das Geschoß aus dem Lauf treiben, ebenso wird beim Benzinmotor der Kolben im Zylinder durch die Ausdehnung des zur Explosion gebrachten Gases nach abwärts gedrückt (Abb. 2).

Eine Arbeitsleistung kommt beim Verbrennungsmotor dadurch zustande, daß mit Hilfe dieser Explo-
sionsgase der Kolben im Zylinder hin- und herbewegt
wird. Damit sind wir auf 2 Hauptbestandteile des Motors gekommen, auf Zylinder und Kolben. Der Motor
kann aus einem oder einer ganzen Anzahl Zylindern
bestehen, d. h. röhrenförmiger Metallkörper, in die
Kolben eingefügt sind, die luftdicht an den Wandungen
der Zylinder abschließen.
Zylinder und Kolben beim
Motor ist im Prinzip nichts
anderes als bei der Dampfmaschine auch.

Abb. 1.
Vorgang in
der Waffe
beim Schuß.

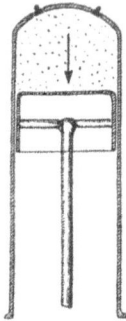

Abb. 2.
Der Kolben wird
durch die explo-
dierenden Gase
nach abwärts ge-
drückt.

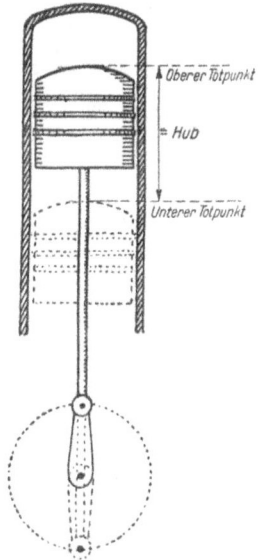

Abb. 3. Kolbenhub.

Bevor wir uns die Hauptteile des Verbrennungsmotors und deren Funktionen betrachten, müssen wir
uns klar zu werden versuchen über die Hauptarbeits-
phasen, die die Dauerarbeit des Motors durch ihre
zwangsläufige Aufeinanderfolge zustande bringen. Wir
unterscheiden beim Arbeitsvorgang im Zylinder vier
Takte, die dem Motor den Namen Viertaktmotor gegeben haben. Unter einem Takt versteht man den
Weg des Kolbens von seiner obersten bis zu seiner unter-
sten Totpunktlage oder umgekehrt (Abb. 3).
Vier aufeinanderfolgende Takte, also zwei Ab- und
zwei Aufwärtsbewegungen des Kolbens bilden einen

abgeschlossenen Arbeitsvorgang. Wir gehen davon aus, daß der Kolben im oberen Totpunkt, d. h. am Ende seiner Aufwärtsbewegung steht.

Der Kolben bewegt sich nach abwärts. Der über dem Kolben befindliche Zylinderraum vergrößert sich. Hiedurch entsteht ein luftverdünnter Raum, d. h. ein Unterdruck im Zylinder. Der Druck der atmosphärischen Außenluft sucht diesen Unterdruck auszugleichen, mit anderen Worten: Der Kolben saugt an. Bei der Abwärtsbewegung des Kolbens öffnet sich das Einlaßventil und gibt eine Öffnung frei, zu der vom Vergaser her durch ein Rohr, das sog. Ansaugrohr, ein Gemisch von Luft und Benzin kurz Gas genannt in den Zylinder einströmt. Wenn der Kolben an seinem unteren Totpunkt angelangt ist, hört die Saugwirkung auf und das Einlaßventil schließt sich. Der Zylinder ist mit explosiblem Gas gefüllt.

Der erste Takt, der Ansaugtakt, ist somit beendet.

Der Kolben bewegt sich nun wiederum nach aufwärts. Hiebei drückt er das Gasgemisch, das aus dem Zylinder nicht mehr entweichen kann, zusammen. Wenn der Kolben wiederum an seiner oberen Totpunktlage angelangt ist, ist das Gas auf den kleinen nunmehr noch verbleibenden Zylinderraum zusammengepreßt.

Damit ist der zweite Takt, der Verdichtungs- oder Kompressionstakt beendet.

In diesem Augenblick wird das zusammengepreßte Gas durch einen elektrischen Funken, der an der Zündkerze überspringt, zur Entzündung gebracht. Das Gasgemisch explodiert und schleudert den Kolben mit großer Kraft, wie es die Pulvergase beim Schuß mit dem Geschoß machen, nach abwärts. Bei diesem Takt wird die Kraft explodierender Gase ausgenützt und zur Arbeitsleistung gezwungen. Der Kolben wird bis an seine untere Totpunktlage gedrückt.

Der Explosions- oder Arbeitstakt ist damit beendet.

Der Kolben ist nun wiederum an seiner unteren Totpunktlage angelangt. Der ganze über ihm befindliche Zylinderraum ist angefüllt mit den verbrannten Gasen. Der Kolben bewegt sich nach aufwärts. Gleichzeitig öffnet sich das Auslaßventil und macht den Gasen den Weg aus dem Zylinder frei. Der Kolben schiebt bei seiner Aufwärtsbewegung die verbrannten Gase durch die freigegebene Öffnung ins Auspuffrohr, von wo sie ins Freie entweichen. Ist der Kolben an seinem oberen

Totpunkt wieder angelangt, ist der vierte Takt, der
Auspufftakt, beendet.

Nunmehr beginnt mit der neuerlichen Abwärtsbewegung des Kolbens wiederum der Ansaugtakt, d. h.
das geschilderte Spiel beginnt von vorne (Abb. 4).

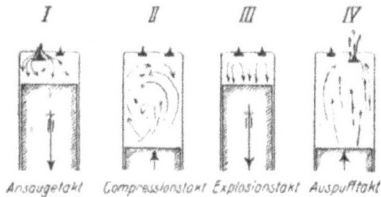

Abb. 4. Der Viertakt.

Dies ist in großen Zügen die Arbeitsweise des Verbrennungsmotors.

Aus diesen Vorgängen im Zylinder können wir bereits ersehen, welche Hauptteile benötigt werden, um
eine dauernde ununterbrochene Arbeitsweise bewerkstelligen zu können. Wie wir gehört haben, brauchen
wir Zylinder und Kolben zur Erzeugung der Kraft
an sich. Die Auf- und Abwärtsbewegung des Kolbens
muß jedoch, wie dies bei der Dampfmaschine bekannter-
maßen ja auch der Fall ist, in eine rotierende Kraft
umgewandelt werden. Dies geschieht durch die am
Kolben befestigte Pleuelstange, die durch ihre
Lagerung an der exzentrischen Kröpfung der Kurbelwelle, diese bei ihrer Auf- und Abwärtsbewegung in
Drehung versetzt. Dieser Vorgang ist der gleiche wie
beispielsweise beim Radfahren, wobei die Auf- und
Abwärtsbewegung der Oberschenkel ebenfalls in eine
Drehbewegung umgewandelt wird. Der Oberschenkel
entspricht dem Kolben, der Unterschenkel der Pleuelstange, die Tretkurbel mit dem Pedal der exzentrischen
Kröpfung der Kurbelwelle. Ein anderes Beispiel aus
dem täglichen Leben ist die Nähmaschine. Auch hier
wird die Auf- und Abwärtsbewegung des Trittbrettes
mit Hilfe einer exzentrischen Kurbel in eine Drehbewegung umgewandelt.

Wir haben ferner gehört, daß der Motor jeweils
nach vier Takten durch das Ansaugrohr frische Nah-
rung, d. h. explosibles Gasluftgemisch ansaugt. Dieses
Gasluftgemisch wird durch eine besondere Vorrichtung,
den sog. Vergaser erzeugt. Die Einführung des fri-

schen Gases und die Ausstoßung des verbrannten
Gases erfolgt durch die Ventile, die im Zylinderkopf
eingefügt sind. Wir haben ferner gehört, daß die
komprimierten Gase in einem bestimmten Augenblick
durch einen elektrischen Funken zur Entzündung gebracht werden. Um dies zu bewerkstelligen, ist eine
weitere Anlage, nämlich der Magnetzündapparat
nötig.

Bedenkt man nun, daß bei einer dieser Explosionen
eine Hitze bis zu 2000⁰ C erzeugt und daß ferner durch

Abb. 5. Gehäuse-Oberteil.

Abb. 6. Gehäuse-Unterteil.

die Reibung einzelner Metallflächen aufeinander ständig
Wärme erzeugt wird, erscheint ohne weiteres begreif-
lich, daß durch eine besondere Vorrichtung die erhitz-
ten Metallmassen ständig gekühlt werden müssen,
wenn sie nicht nach kurzer Betriebsdauer schon zum
Glühen kommen sollen. Dies wird dadurch erreicht,
daß für eine entsprechende Kühlung von außen her
und eine entsprechende Schmierung mit Öl aller reiben-
den Stellen von innen her durch besondere Einrichtungen Sorge getragen wird. Demnach sind zwei weitere
Einrichtungen, die Kühlung und die Schmierung
notwendig.

Damit haben wir kurz die beim Motor erforderlichen Hauptbestandteile gestreift, die im Zusammenhang nochmals kurz aufgezählt werden:

Zylinder und Kolben zur Erzeugung der Kraft.
Pleuelstange und Kurbelwelle zur Verwertung der Kraft.
Ventile zum Einlaß der frischen bzw. Auslaß der verbrannten Gase.
Vergaser zur Erzeugung eines explosiblen Gasluftgemisches.
Magnetzündapparat zur Entzündung des Gases.
Kühlung und Schmierung zur Milderung der entstehenden hohen Temperaturen.

Zu diesen erwähnten Teilen kommt noch als ein Hauptbestandteil hinzu das Motorgehäuse, das in seinem Oberteil die Zylinder aufnimmt und zwischen Ober- und Unterteil die Kurbelwelle trägt und lagert (Abb. 5 u. 6).

Betrachten wir nun der Reihe nach diese Hauptteile, aus denen sich der Verbrennungsmotor zusammensetzt und ihre Arbeitsweise.

II. Die Hauptbestandteile des Motors und ihre Aufgaben.

Zylinder und Kolben. Der Zylinder ist ein röhrenförmiger Metallkörper, der bei wassergekühlten Motoren mit einem Mantel, dem sog. Wassermantel umgeben ist. Luftgekühlte Zylinder sind mit Kühlrippen versehen, die die Ableitung der Wärme an die Außenluft begünstigen (Abb. 7).

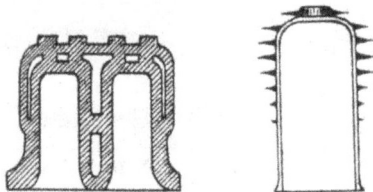

Abb. 7. Wassergekühlter Zweizylinderblock und luftgekühlter Einzylinder.

Der obere Teil des Zylinders, Zylinderkopf genannt, nimmt die Ventile, das Aus- und das Einlaßventil sowie die Zündkerze auf. Bei mehrzylindrigen Motoren sind meist mehrere Zylinder zu einem Block zusammengegossen. Bei den modernen Kraftwagenmotoren werden sämtliche Zylinder meist in einem Block vereinigt (s. Abb. 5).

Im Innern des Zylinders bewegt sich der Kolben auf und ab. Der Kolben, der die angesaugten Gase komprimiert und bei der Explosion der Gase nach abwärts gedrückt wird, muß mit den Wandungen des Zylinders luftdicht abschließen. Würde er dies nicht tun, so würden die Gase bei der Kompression sowohl wie bei der Explosion zwischen der Zylinderwandung und der Wandung des Kolbens nach unten entweichen, so daß keine volle Kraftleistung zustande kommen könnte. Diese Abdichtung mit der Zylinderwandung kann aber nicht etwa dadurch erreicht werden, daß der Kolbenkörper selbst genau, d. h. luftdicht schließend in den Zylinder eingepaßt wird. Die Folge davon wäre, daß der Kolben, der sich während der Arbeit im Zylinder erheblich erwärmt, sich nicht mehr genügend ausdehnen könnte. Durch die Erwärmung wächst der Kolben, d. h. er vergrößert während der Arbeit seinen Querschnitt. Schon nach geringer Betriebsdauer würde sich der Kolben soweit ausdehnen, daß er im Zylinder steckenbleiben, sich festfressen würde. Es ist deshalb notwendig, um dem Kolben die Ausdehnung zu ermöglichen, den Kolbendurchmesser geringer zu wählen als den Zylinderdurchschnitt und die Abdichtung auf andere Weise zu bewerkstelligen. Dies geschieht nun zweckmäßig dadurch, daß um den Kolben elastische Stahlringe gelegt werden, die in Nuten am Kolben festgehalten werden (Abb. 8).

Abb. 8. Kolben und Kolbenringe.

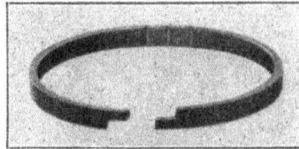

Abb. 9. Kolbenring.

Diese Stahlringe, genannt Kolbenringe, wirken wie Federn, die ständig gleichmäßig gegen die Wandungen des Zylinders gedrückt werden — und somit den Kolben luftdicht abschließen (Abb. 9). Ein Entweichen der Gase nach unten wird dadurch verhindert. Die Kolbenringe müssen so aufgesetzt sein, daß die verbleibenden Öffnungen nicht senkrecht oder schräg übereinander zu liegen kommen, da sonst die Gase durch die übereinanderliegenden Öffnungen entweichen können (Abbildung 10 u. 11).

Durch den hohlen Kolben wird der Kolbenbolzen geführt, der das obere Ende der Pleuelstange festhält (Abb. 12 u. 13).

Pleuelstange und Kurbelwelle. Die Auf- und Abwärtsbewegung des Kolbens im Zylinder muß in eine rotierende Bewegung umgewandelt werden. Diese Aufgabe löst die Pleuelstange in Verbindung mit der Kurbelwelle. Die Pleuelstange, die mit ihrem oberen Ende im Kolben durch den Kolbenbolzen festgehalten wird, ist mit ihrem unteren Ende an der exzentrischen Kröpfung der Kurbelwelle gelagert (Abb. 14).

Abb. 10. Kolben mit Kolbenringen richtig aufgesetzt.

Abb. 11. Kolben mit falsch aufgesetzten Kolbenringen.

Die Auf- und Abwärtsbewegung des Kolbens wird zunächst auf die Pleuelstange und von dieser auf die Kurbelwelle übertragen. Durch die exzentrische Lagerung wird die Kurbelwelle in Drehbewegung versetzt. Jede Auf- bzw. Abwärtsbewegung des Kolbens entspricht einer halben Umdrehung der Kurbelwelle. Wenn der Motor aus einem Zylinder besteht, so hat die Kurbelwelle nur eine Kröpfung, bei zwei, vier und sechs Zylindern hat die Kurbelwelle zwei, vier bzw. sechs Kröpfungen zur Aufnahme der Pleuelstangen (Abb. 15).

Da vier Takte, also zwei Auf- und zwei Abwärtsbewegungen des Kolbens nur einen Arbeitstakt liefern, gibt ein Zylinder der Kurbelwelle bei zwei vollen Umdrehungen nur einen Ar-

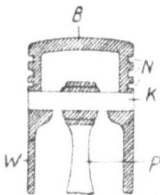

Abb. 12.
Längsschnitt durch den Kolben.
N = Nuten für Kolbenringe.
K = Kolbenbolzen.
P = Pleuelstange.
B = Kolbenboden.
W = Kolbenwand.

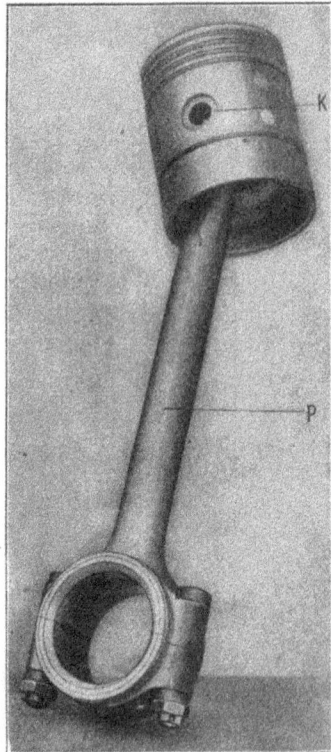

Abb. 13. Pleuelstange mit Kolben.
K = Kolbenbolzen, P = Pleuelstange.

beitsimpuls. Drei Takte, nämlich der Ansaug-, Kompressions- und Auspufftakt sind Leertakte, die nicht nur keine Arbeit liefern, sondern Kraft verbrauchen. Sie müssen durch die Schwungkraft der rotierenden Massen überwunden werden. Es geht daraus hervor, daß die Kurbelwelle beim Einzylindermotor bei zwei vollen Umdrehungen nur einmal angetrieben wird. Die Arbeitsweise des Einzylindermotors ist demnach begreiflicherweise keine so ruhige und stoßfreie, wie die bei mehrzylindrigen Motoren. Gerade das Bestreben der modernen Konstruktion, möglichst ruhig und erschütterungsfreie Motorgangarten zu erzielen, hat in den letzten Jahren der Konstruktion der sechszylindrigen Automobilmotore, bei denen die Zündfolge eine besonders günstige ist, den Vorzug gegeben. Die Kurbelwelle ist ein besonders beanspruchter Bestandteil des Motors, weshalb sie nur aus bestem Material, meist aus Cromnickelstahl hergestellt wird. Die Kurbelwelle ist zwischen Gehäuse-Ober- und -Unterteil gelagert (Abb. 16). Die Zahl der Lagerstellen ist je nach der Bauart und Anzahl der Zylinder verschieden.

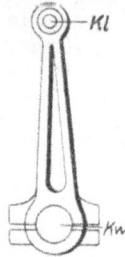

Abb. 14. Pleuelstange.
Kl = Kolbenbolzenlager.
Kw = Kurbelwellenlager.

Die Ventile und ihre Steuerung. Wie aus der Erklärung der vier Takte bereits hervorgeht, wird die Zufuhr

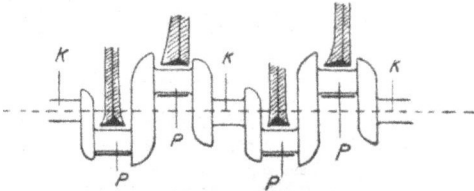

Abb. 15. Schematische Darstellung einer Kurbelwelle eines Vierzylindermotors.
P = Pleuellager, K = Kurbelwellenlager.

des frischen Gases in den Zylinder wie das Auslassen der verbrannten Gase aus dem Zylinder durch die Ventile bewerkstelligt. Im Zylinderkopf befinden sich kreisförmige Öffnungen, die durch die Ventile luftdicht abgeschlossen bzw. bei der Öffnung freigegeben werden. Die Aufeinanderfolge der vier Takte bedingt, daß das Ansaugventil während des Ansaugtaktes, d. h. während der Abwärtsbewegung des Kolbens geöffnet ist und

sich bei Beginn der Aufwärtsbewegung wieder schließt
(Abb. 17). Während des Kompressionstaktes, wie während des darauffolgenden Explosionstaktes müssen
beide Ventile, sowohl das Einlaß- wie das Auslaßventil
geschlossen bleiben, da sonst die Gase entweichen
könnten (Abb. 18 u. 19). Erst wenn sich der Kolben
nach erfolgter Explosion wieder nach aufwärts bewegt,
muß sich das Auslaßventil öffnen, um den verbrannten
Gasen den Weg ins Freie zu ermöglichen (Abb. 20).

Es geht daraus hervor, daß eine besondere Vorrichtung notwendig ist, die das rechtzeitige Öffnen und
Schließen der Ventile bewerkstelligt. Dieses Öffnen

Abb. 16.   Kurbelwelle im Gehäuse-Oberteil lagernd
(von unten gesehen).

und Schließen der Ventile wird kurz Ventilsteuerung
genannt.

Das Ventil selbst besteht aus dem Ventilteller, der
mit seinem konischen Rand genau in die Öffnung des
Zylinders eingepaßt ist und diese luftdicht abschließt.
Auf dem Ventilteller sitzt der Ventilschaft (Abb. 21).

Über dem Ventilschaft ist eine Feder eingefügt,
die das Ventil ständig in den Ventilsitz der Zylinder-
öffnung drückt, d. h. das Ventil geschlossen hält. Das
Öffnen des Ventils wird nun dadurch bewirkt, daß ein
auf dem Ventilschaft aufsitzender Stößel das Ventil
anhebt, d. h. die schließende Wirkung der Ventilfeder vorübergehend aufhebt. Das Ventil wird hiedurch
geöffnet. Das Anheben des Ventils geschieht durch
die sog. Nockenwelle.

Die Nockenwelle ist eine vom Motor zwangsläufig
angetriebene Welle, auf der sich Erhöhungen, sog.
Nocken befinden (Abb. 22 u. 23). Das Anheben des Ven-

tils durch diese Nocken geschieht nun auf verschiedene Weise. Man spricht von stehenden und hängenden Ventilen, von oben und unten gesteuerten Ventilen. Bei stehenden Ventilen sitzt ein Stößel auf der Nocken-

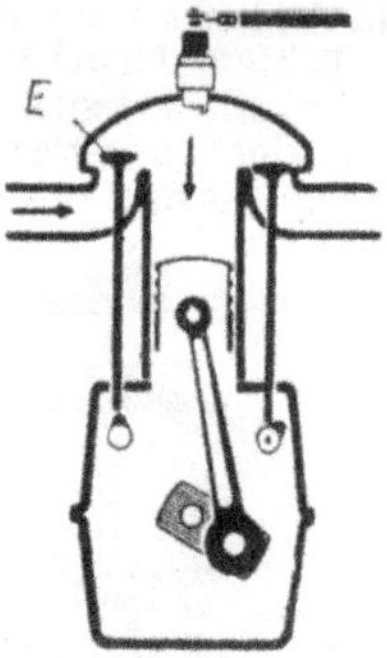

Abb. 17. I. Takt: Ansaugen. E = Einlaßventil geöffnet.

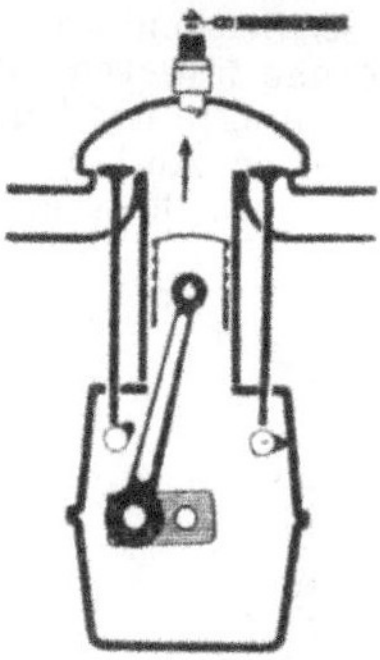

Abb. 18. II. Takt: Komprimieren. Ein- und Auslaßventile geschlossen.

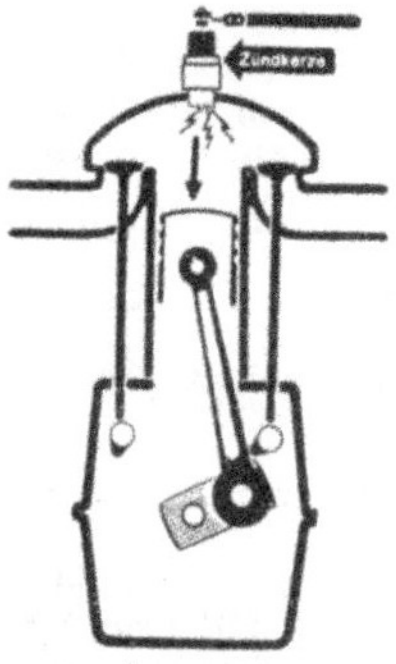

Abb. 19. III. Takt: Explodieren. Ein- und Auslaßventil geschlossen.

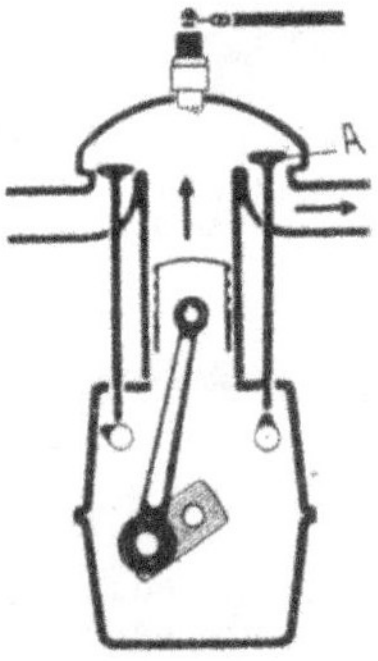

Abb. 20. IV. Takt: Auspuff. A = Auslaßventil geöffnet.

welle unmittelbar auf und hebt, vom Nocken in die Höhe gedrückt, das Ventil aus seinem Sitz (Abb. 24). Bei hängenden Ventilen wird durch eine Stoßstange ein Hebel bewegt, der mit seinem Gegenarm das Ventil nach abwärts drückt und somit öffnet (Abb. 25). Bei obenliegender Nockenwelle fällt die Stoßstange weg

2*

und der Hebel wird durch den Nocken unmittelbar betätigt (Abb. 25).

Durch entsprechende Versetzung der Nocken
zueinander und dadurch, daß die Nockenwelle genau die
halbe Umdrehungszahl der Kurbelwelle macht, läßt
sich der Zeitpunkt des Öffnens und Schließens der Ventile genau festlegen. Da sich vier Takte auf zwei volle
Umdrehungen der Kurbelwelle verteilen, darf sich das
Ein- und das Auslaßventil während zweier Umdrehungen
der Kurbelwelle je nur einmal öffnen. Es darf deshalb

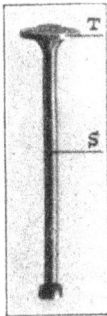

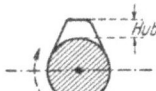

Abb. 22.
Querschnitt durch
Nockenwelle.

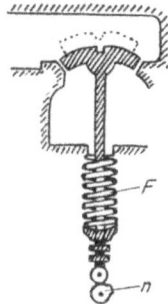

Abb. 21. Ventil.

T = Ventilteller.
S = Ventilschaft.

Abb. 24. Von unten
gesteuertes stehendes
Ventil. N = Nocken,
F = Ventilfeder.

Abb. 23. Nockenwelle für Sechs-Zylindermotor.

die Nockenwelle nur die halbe Umdrehungszahl der
Kurbelwelle haben, da bei gleicher Umdrehungszahl
während der vier Takte der Nocken das Ein- wie das
Auslaßventil je zweimal öffnen würde. Die Nockenwelle ist durch Zahnräder von der Kurbelwelle zwangsläufig im Übersetzungsverhältnis 1:2 angetrieben
(Abb. 27). Wenn beide Ventile auf einer Seite des Motors angeordnet sind, ist nur eine Nockenwelle nötig.
Wenn Ein- und Auslaßventile auf beide Seiten des Motors verteilt sind, sind zwei Nockenwellen erforderlich.
Bei den modernen Motoren wird die erstere Bauart
bevorzugt.

Auf einen genauen Sitz der Ventile ist zu achten. Der konische Rand des Ventiltellers muß genau in die Öffnung des Zylinders passen. Schließt das Ventil nicht mehr vollkommen, so geht durch das Ausströmen der Gase mehr oder weniger Kraft verloren. Nachdem

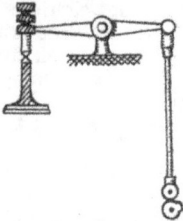

Abb. 25. Hängendes Ventil, unten liegende Nockenwelle.

Abb. 26. Hängendes, obengesteuertes Ventil, obenliegende Nocken- welle.

Abb. 27. Antrieb der Nockenwelle.
Z = Antriebszahnräder, N = Nockenwelle.

gerade die Ventile großer Beanspruchung und Erhitzung ausgesetzt sind, müssen sie gut gekühlt sein, wenn nicht vorzeitiger Verbrauch eintreten soll. Die normale Abnützung erfordert aber schon, daß die Ventile nach einer gewissen Betriebsdauer durch Einschleifen wieder genau in ihren Sitz eingepaßt werden.

Der Vergaser. Der Zylinder muß sich nach jedem Auspufftakt wieder mit frischem explosiblem Gasgemisch füllen. Dieses explosible Gas besteht aus einem Gemisch von etwa 17 Teilen Luft und einem Teil verdampftem Benzin. Dieses Gemisch saugt sich der Zylinder bei der Abwärtsbewegung des Kolbens durch das Ansaugrohr an. Bereitet wird das Gemisch durch eine besondere Vorrichtung, mit der das Ansaugrohr in Verbindung steht, durch den Vergaser. Das flüssige Benzin wird in eine Düse geführt, die es ständig bis zu ihrer oberen feinen Öffnung füllt. Die angesaugte Luft streicht an der Düsenöffnung vorbei und reißt dabei feine Benzinteilchen, die sofort verdampfen mit sich. Hiedurch mischt sich Luft und Benzin und bildet sich das Benzin-Luftgemisch, kurz Gas genannt. Zwischen der Verbindung dieser Mischkammer und dem Ansaugrohr, das zum Zylinder führt, befindet sich eine drehbare Scheibe, Gasdrossel genannt. Durch entsprechende Drehung dieser Scheibe, was der Führer vom Führersitz aus bewerkstelligt, wird der Querschnitt des Saugrohres vergrößert bzw. verringert. Hiedurch ist es möglich, die Gaszufuhr quantitativ zu regulieren und die Tourenzahl des Motors innerhalb gewisser Grenzen beliebig zu steigern bzw. zu verrin-

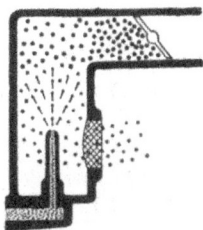

Abb. 28. Mischkammer mit geschlossener Gasdrossel.

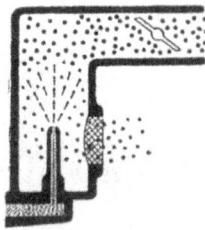

Abb. 29. Mischkammer mit halbgeöffneter Gasdrossel.

gern. Ist die Gasdrossel vollkommen geöffnet, so läuft der Motor mit Vollgas, d. h. mit der höchstmöglichen Leistung (Abb. 28 u. 29).

Selbstverständlich wird durch das Mitreißen von Benzinteilchen an der Düse ständig Benzin verbraucht. Eine gleichmäßige Dauerleistung ist jedoch nur dann

möglich, wenn der Stand des Benzins in der Düse ständig
auf dem gleichen Niveau erhalten wird. Würde der
Benzinstand soweit sinken, daß die Düse etwa nur zur
Hälfte gefüllt wäre, könnte sich kein explosibles Benzin-Luftgemisch mehr bilden. Es ist deshalb notwendig,
durch eine besondere Vorrichtung den Benzinstand in

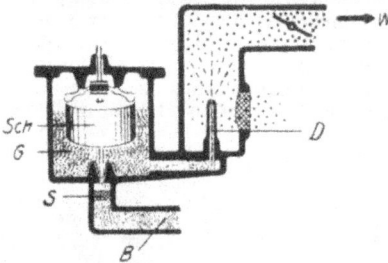

Abb. 30. Querschnitt durch den Vergaser.

B = Benzinzufluß.	Sch = Schwimmer.
S = Reinigungssieb.	D = Düse.
G = Schwimmergehäuse.	W = Weg zum Zylinder.

der gewünschten Höhe herzustellen und auch bei
unregelmäßigem Benzinverbrauch ständig auf dieser
Höhe zu erhalten. Dies wird auf einfache Weise folgendermaßen erreicht (Abb. 30).

Die Düse steht mit einem Benzingefäß in Verbindung und bildet mit diesem eine kommunizierende
Röhre. Bekanntlich steht jede Flüssigkeit, die in
kommunizierende Röhren eingeführt wird in beiden
Röhren gleich hoch. Wenn nun erreicht wird, daß in
diesem Benzingefäß, Schwimmergehäuse genannt, der
Benzinstand ständig der gleiche ist, so ist damit ohne
weiteres der gleiche Benzinstand in der Düse für ständig hergestellt. Im Schwimmergehäuse befindet sich
nun — und daher hat es auch seinen Namen — ein
sog. Schwimmer, d. h. ein im Benzin schwimmender
sehr leichter und hohler Metallkörper. Von unten
her wird das unter Druck stehende Benzin ständig
dem Schwimmergehäuse zugetrieben. Dem Schwimmer,
der naturgemäß mit zu- und abnehmender Flüssigkeit
steigt und fällt, kommt nun die Aufgabe zu, den Benzinstand im Schwimmergehäuse genau auf der gewünschten Höhe dauernd zu regulieren. Dies wird auf
einfache Weise dadurch erreicht, daß durch den Schwimmer freibeweglich eine Nadel, die sog. Schwimmernadel

hindurchgeführt ist, die mit ihrem unteren spitzen
Ende genau in die Benzineinlaßöffnung paßt und diese
vollkommen abschließt. An der Decke des Schwimmer-
gehäuses sind nun zweiarmige Hebel angebracht,
deren innere Hebelarme an der Schwimmernadel sitzen
und deren äußere Hebelarme auf der Oberfläche
des Schwimmers ruhen. Beim Einlauf des Benzins in
das Schwimmergehäuse steigt nun der Schwimmer vom
Benzin getragen in die Höhe. Er nimmt dabei die
äußeren Hebelarme mit hoch. Gleichzeitig werden
aber die inneren Hebelarme nach abwärts gedrückt.
Sie nehmen die Schwimmernadel mit und drücken diese
nach unten (Abb. 31). Schwimmer- und Hebelarme
sind nun so eingestellt, daß die Nadel in dem Augenblick

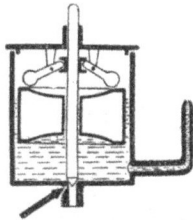

Abb. 31. Schwimmernadel,   Abb. 32. Schwimmernadel,
Benzineinlaß schließend.   Benzineinlaß öffnend.

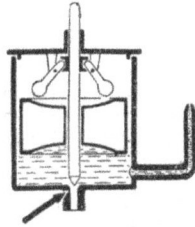

so weit nach unten gedrückt ist, daß sie jeden weiteren
Benzinzutritt absperrt, wenn der Benzinstand im
Schwimmergehäuse die gewünschte Höhe, d. h. die
Höhe der Düsenöffnung erreicht hat (Abb. 32). Ist nun
der Motor im Betrieb und verbraucht Betriebsstoff,
so beginnt das Niveau selbstverständlich zu fallen.
Die Folge davon ist aber, daß im gleichen Augenblick
mit der Flüssigkeit auch der Schwimmer nach unten
geht. Hierdurch wird aber gleichzeitig die Schwimmernadel gehoben und die Benzineinlaßöffnung freigegeben.
Sofort strömt wieder Benzin nach. Sobald das gewünschte Niveau wieder erreicht ist, schließt die
Schwimmernadel wiederum in der bereits geschilderten
Weise die Benzineinlaßöffnung. Dieser Vorgang geht
so schnell vor sich, daß im Benzinstand des Schwimmer-
gehäuses nur ganz minimale, praktisch überhaupt
nicht mehr in Erscheinung tretende Unterschiede zustande kommen können. Somit ist auf einfache Weise
erreicht, daß der Benzinstand im Schwimmergehäuse

bei beliebigem Benzinverbrauch ständig der gleiche und somit auch der gleiche in der Düse ist nach dem schon erwähnten Gesetz der kommunizierenden Röhren (Abb. 33).

Vor dem Eintritt in das Schwimmergehäuse wird das Benzin durch ein Sieb geleitet, um den Eintritt irgendwelcher Schmutzteilchen zu verhindern. Gelangt trotzdem Schmutz oder auch Wasserteilchen in das

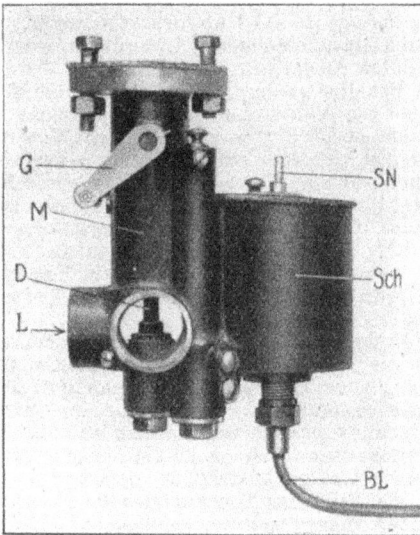

Abb. 33. Vergaser.

BL = Benzinleitung	M = Mischkammer
Sch = Schwimmergehäuse	D = Düse
SN = Schwimmernadel	L = Lufteintritt.
G = Gasdrossel	

Schwimmergehäuse und von diesem in die Düse, so verstopfen diese den feinen Ausgang am Düsenende und verhindern teilweise oder ganz den Benzinaustritt. Dies macht sich dadurch bemerkbar, daß der Motor entweder unregelmäßig läuft und patscht, oder wenn der Düsenausgang ganz zugelegt ist, zu laufen aufhört.

Die Förderung des Brennstoffes vom Brennstoffbehälter zum Vergaser kann auf verschiedene Weise

erfolgen. Man unterscheidet 1. Fallbenzin, 2. Druckförderung, 3. Unterdruckförderung. Im ersten Fall
ist der Betriebsstoffbehälter höher angebracht als der
Vergaser, so daß das Benzin durch seine eigene Schwere
dem tieferliegenden Vergaser zuströmt. Im 2. Falle
wird durch eine Pumpe die von Hand und nach An-
laufen des Motors durch den Motor bedient wird, Luft
in den Benzintank gepumpt, so daß im Tank ein Überdruck entsteht. Dieser Druck fördert das Benzin zu
dem höher liegenden Vergaser. Die modernste Art der
Benzinförderung ist die Unterdruckförderung. Hiebei
wird durch einen besonderen Unterdruckförderer das
Benzin unter Ausnützung der Saugkraft des Motors
in einen Behälter gesaugt, der höher als der Vergaser
angeordnet ist. Von diesem Behälter läuft das Benzin
durch seine eigene Schwere ständig dem Vergaser zu.
Im Unterdruckförderer befindet sich ein Schwimmer,
der ähnlich wie beim Vergaser die zu fördernde Benzin-
menge reguliert. Diese Art der Benzinförderung hat
den Vorteil, daß die Benzinzufuhr eine ständig gleichmäßige ist. Auch wenn der Tank nicht luftdicht
schließt, was bei der Druckförderung ein Versagen der
Benzinzuführung zur Folge hat, arbeitet die Unterdruckförderung einwandfrei.

Der Kompressor. In diesem Zusammenhang soll
kurz des in letzter Zeit viel besprochenen Kompressors
Erwähnung getan werden. Bedenkt man, daß die mitt-
lere Gasgeschwindigkeit im Ansaugrohr etwa 50 m
in der Sekunde beträgt, und daß zur Füllung des Zylinders mit frischem Gas nur die Zeit einer halben Umdrehung zur Verfügung steht, so erscheint leicht be-
greiflich, daß bei hohen Tourenzahlen der Zeitabschnitt
einer halben Umdrehung zur genügenden Füllung des
Zylinders nicht mehr ausreicht. Macht der Motor
beispielsweise 3000 Umdrehungen in der Minute, so
bleibt für die Ansaugtätigkeit eines Zylinders $1/_{100}$ Sek.
zur Verfügung. Der Steigerung der Tourenzahl ist
u. a. Gründen auch hiedurch eine praktische Höchst-
grenze gesetzt. Dem Kompressor fällt nun die Aufgabe
zu, durch Erhöhung der Gasgeschwindigkeit im Ansaugrohr die Ansaugtätigkeit zu unterstützen und
auch bei hohen Tourenzahlen noch eine genügende
Füllung zu ermöglichen. Er ist demnach praktisch
gesprochen nichts anderes als eine Pumpe, die die
Saugarbeit des Kolbens unterstützt und die Steigerung der Tourenzahl über die normale Tourenzahl ermöglicht.

Magnetzündapparat. Bei der Erläuterung der vier
Takte haben wir gehört, daß das im Zylinder durch die
Aufwärtsbewegung des Kolbens komprimierte Gasgemisch in einem bestimmten Augenblick durch einen
elektrischen Funken zur Entzündung gebracht wird.
Es ist zu diesem Zweck eine weitere Vorrichtung am
Motor notwendig, die den erforderlichen elektrischen
Strom erzeugt und fernerhin bewirkt, daß der Funke
im richtigen Zylinder im gewünschten Augenblick überspringt. Diese Aufgabe fällt dem Magnetzündapparat
zu. Dieser Apparat ist die technisch feinste und schwie-
rigste Einrichtung am Motor. Während bei uns in
Deutschland ausschließlich Magnetzündapparate ver-

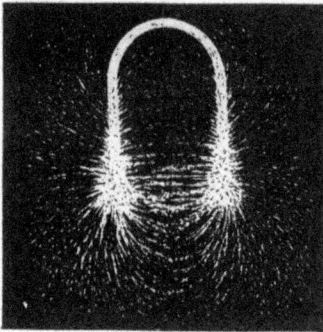

Abb. 34.
Sichtbarmachung der magnetischen Kraftlinien durch Eisen-
feilspäne.

wendet werden, findet bei ausländischen, insbesonders
bei amerikanischen Fabrikaten auch die Batterie-
zündung Anwendung.

Um die Arbeitsweise eines Magnetzündapparates
zu erläutern, ist es notwendig, einige einfache physi-
kalische Gesetze vorauszuschicken.

Wie der Name schon sagt, handelt es sich um magnet-
elektrische Strömung.

Jeder Magnet verbreitet um sich ein sog. Feld von
Kraftlinien. Die Wirkung dieses Kraftlinienfeldes,
das in der Nähe befindliche Stahl- oder Eisenteile an-
zieht, ist wohl allgemein bekannt. Man kann dieses
Magnetfeld, d. h. das Feld der Kraftlinien, das jeder
Magnet um sich verbreitet, sichtbar machen. Bestreut

man ein derartiges Feld mit vielen Eisenfeilspänen, und erschüttert die Unterlage, so ordnen sich diese zu gleichmäßigen Kurven an, den sog. Kraftlinien des Feldes (Abb. 34). Die elektrische Wirkung eines Kraftlinienfeldes besteht nun darin, daß in einem Leiter z. B. Kupferdraht elektrischer Strom entsteht, wenn er dieses Kraftlinienfeld schneidet (Abb. 35).

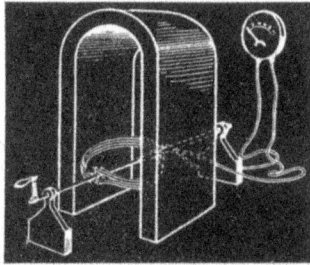

Abb. 35.

Versuchsanordnung, die es ermöglicht, durch Drehen einer Drahtspule innerhalb eines magnetischen Felds, in dem isolierten Draht einen niedrig gespannten elektrischen Strom zu erzeugen.

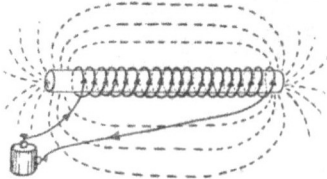

Abb. 36.

Wenn man um ein Stück weiches Eisen in möglichst vielen Windungen elektrischen Strom herumleitet, so wird das Eisen magnetisch und verbreitet ein Feld magnetischer Kraftlinien um sich: Es entsteht ein Elektromagnet.

Jede magnet-elektrische Zündung beruht auf dem physikalischen Gesetz: Magnetelektrische Ströme entstehen in einem Leiter, wenn in seiner Nähe Magnetismus entsteht oder aufhört, stärker oder schwächer wird, oder wenn der Leiter dem Magneten genähert oder von ihm entfernt wird. Es entsteht demnach in einem Leiter auch dann Strom, wenn das Magnetfeld, in dem er sich befindet, plötzlich aufhört.

Ist Stahl magnetisch, so behält er seinen Magnetismus ständig bei. Man spricht von einem permanenten Magneten. Weiches Eisen wird dann elektromagnetisch, wenn man in möglichst vielen Windungen einen elektrischen Strom herumleitet (Abb. 36). Die magnetische Wirkung des Eisens wird um so stärker, je stärker der elektrische Strom ist und in je mehr Windungen derselbe um das Eisenstück herumgeführt wird. Eisen verbreitet also, wenn es von Strom umflossen ist, ein magnetisches Kraftlinienfeld um sich. Hört der Strom jedoch auf, wird das Eisen sofort unmagnetisch und das Kraftlinienfeld bricht zusammen. Befindet sich in diesem Feld ein Leiter, so entsteht in ihm nach dem

Abb. 37. Anker, unbewickelt auch Ankerkern genannt. Die zwei gleichen Ankerflanschen sind durch den Ankersteg miteinander verbunden. Die eingezeichnete gestrichelte Linie soll andeuten, wie die Drahtspule um den Ankersteg herumgewickelt wird.

Abb. 38. Hufeisenmagnet mit den kreisbogenförmig ausgeschnittenen Polschuhen.

schon erwähnten Gesetz in diesem Augenblick ein elektrischer Strom. Diese beiden Prinzipe der Stromerzeugung werden nun beim Magnetzündapparat sinnreich verwendet.

Der Magnetzündapparat besteht aus kräftigen permanenten Stahlmagneten, in deren Kraftlinienfeld eine Spule drehbar angeordnet ist. Die Spule besteht aus dickem Draht, der um ein Eisenstück, genannt Doppel-T-Anker, gewickelt ist (Abb. 37 u. 38). Über dieser Wicklung mit dickem Draht ist eine weitere Spule aus dünnem Draht gewickelt (Abb. 39). Wird der Anker mit den beiden Wicklungen nun in Drehung versetzt, so entsteht zunächst dadurch, daß die Kraftlinien des permanenten Magneten geschnitten werden, in der Spule mit dickem Draht ein elektrischer Strom. Dieser niedrig gespannte Strom, kurz Primärstrom genannt, wäre nun nicht imstande, auch nur den kleinsten Luftraum zu durchschlagen, mit anderen Worten einen brauchbaren Funken zu bilden. Durch die Drehung des Ankers wird also nur ein niedrig gespannter Wechselstrom erzeugt. Um eine höhere Spannung zu erreichen, müßte man die Tourenzahl enorm steigern, was praktisch nicht möglich ist. Man wendet daher das beim Funkeninduktor hoch entwickelte Prinzip zur Erzeugung hochgespannter Ströme an. Man unterbricht den primären Strom, der in den Windungen der dickdrähtigen Ankerspule fließt, im Moment seiner größten Intensität. Durch die Unterbrechung des primären Stromes verschwindet plötzlich das sehr starke magnetische Feld der Spule. Der Weicheisenanker wurde ja, da er vom Primärstrom umflossen, magnetisch. Da aber weiches Eisen, wie oben schon ausgeführt, seinen Magnetismus im Moment der Stromunterbrechung verliert, verschwindet auch das Kraftlinienfeld der Spule sofort bei Unterbrechung des Primärstromes. Durch das Zusammenbrechen dieses Magnetfeldes entsteht in der schon geschilderten Weise in den vielen Windungen dünnen Drahtes der zweiten Wicklung (Sekundärwicklung) ein hochgespannter Induktionsstrom von etwa 15 000 Volt, kurz Sekundärstrom genannt. Dieser Strom ist nun imstande, die Abstände zwischen den Polen an der Zündkerze in Form eines Funkens zu überspringen (Abb. 40 u. 41).

Abb. 39.
Magnet mit Anker.
P = Primärwicklung aus dickem Draht,
S = Sekundärwicklung aus dünnem Draht.

Es ist demnach eine weitere Vorrichtung notwendig, die den in der Primärspule fließenden Strom in dem Augenblick unterbricht, wo der Funke an der Kerze das komprimierte Gasgemisch zur Entzündung bringen soll. Diese Aufgabe fällt dem sog. Unterbrecher zu. Der Primärstrom wird von der Spule zum Unterbrecher geleitet. Der Stromkreis ist im Unterbrecher über zwei Platinkontakte geschlossen. Der eine dieser Platin-

kontakte befindet sich am Ende des Armes eines Winkelhebels, Hammer genannt, der andere Kontakt ist fest-
stehend auf dem sog. Amboß angeordnet. Der Unterbrecher ist drehbar in einer Hülse gelagert. Bei der
Drehung des Unterbrechers läuft der äußere Arm des
Winkelhebels auf Nocken auf, die sich in der fest-
stehenden Hülse befinden. Hiedurch werden die Platinkontakte, über die der primäre Stromkreis geschlossen
ist, jeweils auseinandergezogen, d. h. der Strom unterbrochen. Ist der Hebelarm über den Nocken weg,

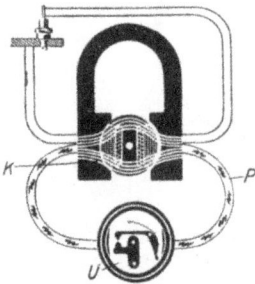

Abb. 40.

Schematische Darstellung der
Entstehung des Primärstroms.

P = Primärstromkreis.
K = Kraftlinienfeld des
     Weicheisenankers.
U = Unterbrecher, geschlos-
     sen.

Abb. 41.

Schematische Darstellung der
Entstehung des hochgespannten Sekundärstromes.

U = Unterbrecher geöffnet:
     Primärstrom unterbro-
     chen, Kraftlinienfeld d.
     Ankers verschwunden.
S = Sekundärstromkreis.
M = Masse des Motors.
Z = Zündkerze.

so schließen sich durch Federkraft die Kontakte
wieder (Abb. 42, 43 u. 44).

Bei jedesmaligem Unterbrechen entsteht in der
bereits geschilderten Weise in der Sekundärspule hochgespannter Strom, der an der Kerze in Funkenform
überspringt. Für einen Einzylindermotor würde nun
die bisher beschriebene Einrichtung vollkommen aus-
reichen. Da auf zwei Umdrehungen der Kurbelwelle
ein Arbeitstakt, also eine Zündung, erfolgt, würde bei
halber Umdrehungszahl des Unterbrechers und An-
bringung eines Nockens in der Hülse der Zündzeit-
punkt festgelegt werden können. Bei mehrzylindrigen
Motoren ist nun noch die Aufgabe zu lösen, den hoch-

gespannten Sekundärstrom dem Zylinder zuzuleiten,
der jeweils gerade zünden soll. Es ist deshalb für mehr-
zylindrige Motoren eine Verteilung des Stromes auf
die einzelnen Zylinder notwendig. Diese Vorrichtung
wird entsprechend ihrer Aufgabe Verteiler genannt
(Abb. 45). Der Verteiler besteht aus einer runden

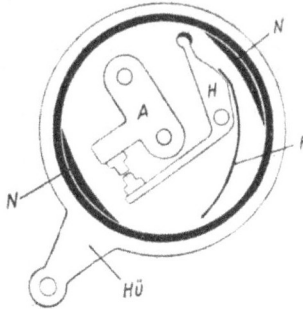

Abb. 42. Unterbrecher geschlossen (schematische Darstellung).

A = Ambos,   Hü = feststehende Hülse,
H = Hammer,   F = Feder.
N = Nocken,

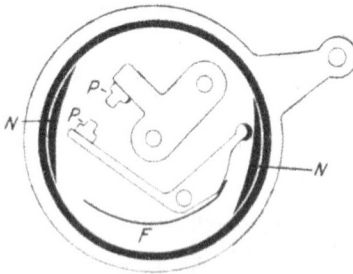

Abb. 43. Unterbrecher geöffnet.

Scheibe aus nichtstromleitendem Material, auf der
entsprechend der Zylinderzahl des Motors Kontakte
angeordnet sind. Jeder dieser Kontakte ist mit der
Zündkerze eines Zylinders verbunden. In dieser Scheibe
rotiert das sog. Verteilerstück mit der Verteilerkohle.
Diese berührt bei einer Umdrehung je einmal den Kontakt jeder Zündkerze. Der Sekundärstrom wird zu
diesem Verteilerstück geleitet und kann über die Kohle

nur zu dem Zylinder gelangen, dessen Kontakt gerade
berührt wird. Der Unterbrecher ist nun in seiner Umdrehungszahl bzw. durch die Anordnung der Nocken
in der Hülse so eingestellt, daß er jeweils dann, wenn die

Abb. 44.

A = Amboß.
F = Unterbrecherfeder.
J = Fiberstück.
N = Nocken.
H = Hammer (Winkel-
hebel).
G = Nockengehäuse.
K_1, K_2 = Platinkontakte.

Verteilerkohle über einen Kontakt der Verteilerscheibe
geht, unterbricht. Es braucht deshalb der Anschluß
der Kabel, die die Nocken der Verteilerscheibe mit den
Zündkerzen verbinden nur entsprechend gewählt
werden, um eine rich-
tige Zündfolge inner-
halb der Zylinder zu
erreichen.

Der ganze Vorgang
ist somit, kurz zusam-
mengefaßt, folgender:
Durch das Rotieren
einer aus dickem Draht
bestehenden Spule im
Magnetfeld starker per-
manenter Magnete wird
ein schwacher primärer
Strom erzeugt. Dieser
primäre Strom wird
durch den Unterbrecher

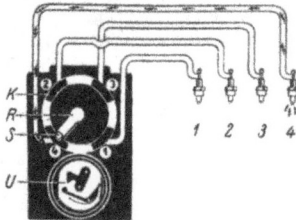

Abb. 45. Verteiler.

U = Unterbrecher geöffnet.
R = rotierendes Verteilerstück.
S = Schleifkontakt.
K = Kontakt für den einzelnen
Zylinder.

plötzlich unterbrochen. Hiedurch entsteht in der Sekundärspule ein hochgespannter Strom, der durch die
Verteilerscheibe dem Zylinder, der gerade den Arbeitstakt zu leisten hat, zugeführt wird.

Der Vorgang an der Zündkerze selbst ist folgender:
Die Kerze ist mit ihrer äußeren Metallumhüllung in

Stahl, Kraftfahrwesen.   3

en Zylinder eingeschraubt und steht somit mit der
Masse des Motors in Verbindung. Durch das Innere der
Zündkerze ist ein Metallstift geführt (Mittelelektrode),
der durch eine Porzellanhülse von den übrigen Metallteilen der Kerze, die mit der Masse des Motors in Verbindung stehen, isoliert ist. Am oberen Ende des
Stiftes ist das stromzuführende Kabel befestigt. Dem
unteren Ende des Stiftes stehen im Abstand von
0,50 bis etwa 0,75 mm die
mit den äußeren Metallteilen
der Kerze und somit mit der
Masse des Motors verbundenen
sog. Pole (Körperelektroden)
gegenüber. Der Strom, der
nun am unteren Ende des
Stiftes angelangt, springt in
Funkenform den Zwischen-
raum zwischen Stift und Polen
durchschlagend auf die Pole
über und bringt dadurch das
Gasgemisch zur Entzündung
(Abb. 46).

Ist der Zwischenraum zwi-
schen dem Stift und den Polen
zu groß, ist der Strom nicht
mehr imstande überzuspringen.
Ist der Abstand zu klein, so
entsteht nur ein ungenügender

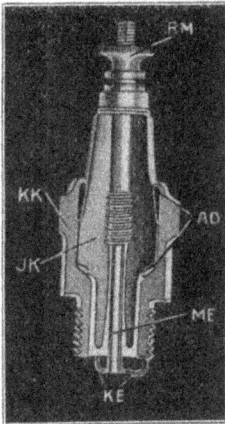

bb. 46.   Bosch-Kerze im
Schnitt.

Ad = Abdichtung.
KE = Pole (Körperelek-
troden).
IK = Isolierkörper.
KK = Kerzenkörper.
ME = Mittelelektrode
(Stift).
RM = Rendelmutter für
Kabelbefestigung.

Funke. Setzt sich Ruß oder
Ölkruste zwischen Stift und
Polen fest, tritt ebenfalls keine
Zündung ein, da der Strom
kurz geschlossen ist und kein
Funke entstehen kann.

Früh- und Spätzündung. Man
unterscheidet Früh- und Spätzündung. Unter Frühzündung
versteht man das Zündmo-
ment, wenn der Funke überspringt, bevor der Kolben
einen oberen Totpunkt erreicht hat, also zu einem
Zeitpunkt, in dem der Kolben sich noch in Aufwärtsbewegung befindet. Unter Spätzündung ver-
teht man das Zündmoment, wenn beim Überspringen
les Funkens der Kolben bereits am oberen Totpunkt
angelangt ist, also seine Abwärtsbewegung bereits wieder
beginnt. Bei hohen Tourenzahlen ist die Kolbenbewe-
gung derartig rasch, daß die Zeit, die die im Kompres-

sionsraum eingeschlossenen Gase zur Entzündung
brauchen, eine gewisse Rolle spielt. Wird der Funke
an der Zündkerze zum Überspringen gebracht, bevor
der Kolben seinen oberen Totpunkt ganz erreicht hat,
so tritt der Kolben bis zur vollkommenen Entbrennung
der Gase an seinen oberen Totpunkt und die Kraft der
explodierenden Gase wird voll ausgenützt. Läuft der
Motor entsprechend langsam, muß der Grad der Frühzündung auch entsprechend ermäßigt werden. Bei
vielen Motoren geschieht die Einstellung des Zündmomentes automatisch, entsprechend der Tourenzahl
ohne Zutun des Führers. Bei der Mehrzahl der Wagen
kann jedoch die Verstellung des Zündmomentes durch
Hebelgriff vom Führer bewerkstelligt werden. Der
Zündhebel ist meist in der Mitte des Steuerrades drehbar angeordnet, so daß der Führer leicht, ohne die
Hand vom Steuer zu nehmen, den Hebel bedienen kann.

Die Verstellung des Zündmomentes tritt dadurch ein,
daß die Hülse des Unterbrechers mit den Nocken entsprechend verdreht wird. Hiedurch tritt die Unterbrechung des primären Stromes und dadurch die Entstehung des hochgespannten sekundären Stromes,
somit das Überspringen des Funkens an der Kerze
entsprechend früher oder später ein.

Die Zündfolge unter den einzelnen Zylindern kann
beim Vierzylinder verschieden sein. Ob die Zündfolge —
die Reihenfolge der Zylinder von vorne nach rückwärts
gerechnet — 1, 3, 2, 4 oder 1, 4, 2, 3 gewählt wird,
läßt sich jedenfalls nie vermeiden, daß zwei nebeneinander liegende Zylinder unmittelbar nacheinander
zur Zündung kommen. Der beste Wirkungsgrad wird
aber dann erzielt, wenn die Zündungen in ihrer Aufeinanderfolge sich möglichst auf die ganze Länge der
Kurbelwelle verteilen, d. h. wenn vermieden wird, daß
zwei nebeneinanderliegende Zylinder unmittelbar nacheinander den Arbeitstakt leisten. Beim Sechszylinder-
motor läßt sich die Zündfolge in idealer Weise lösen.
Die Zylinder zünden in der Reihenfolge 1, 5, 3, 6, 2, 4.
Bei dieser Zündfolge kommen nie zwei nebeneinander
liegende Zylinder unmittelbar nacheinander zur Zündung.

Licht- und Anlasseranlage. Außer dem Magnetzündapparat, dem die Aufgabe der Entbrennung der Gase
zufällt, sind heute fast alle Wagen mit einer weiteren
elektrischen Anlage, der Licht- und Anlasseranlage,
ausgerüstet. Eine vom Motor zwangsläufig angetriebene
Lichtmaschine erzeugt den notwendigen Strom, der

zunächst eine Batterie auflädt. Die Batterie gibt den
Strom an die Verbraucherstellen — Scheinwerfer,
Nummernlampe, elektrische Hupe usw. — ab. Der
Strom der Batterie setzt auch einen Elektromotor, den
Anlaßmotor in Bewegung, der den stillstehenden
Motor anwirft, d. h. in Gang bringt. Durch eine beson-
dere Vorrichtung, die zwischen Lichtmaschine und Bat-
terie geschaltet ist, den sog. Selbstschalter, wird die
Batterie selbsttätig ein- und ausgeschaltet.

Die Lichtwirkung nor-
maler Scheinwerfer ist so
groß, daß auch bei Nacht die
Straße auf einige 100 m genügend hell erleuchtet wird.
Eine unangenehme Neben-
erscheinung dieser starkwir-
kenden Scheinwerfer ist die

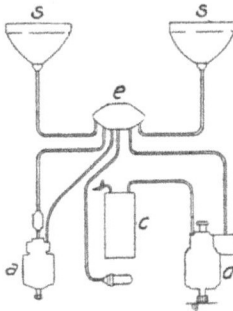

Abb. 47. Bosch-Licht- und
Anlasser-Anlage.
a = Lichtmaschine mit ein-
   gebautem Regler und
   Schalter.
s = Scheinwerfer.
c = Batterie.
d = Anlaßmotor mit Magnet-
   schalter.
e = Schaltkasten »Hi«.

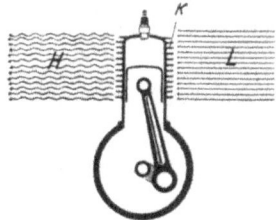

Abb. 48. Schematische Dar-
stellung der Luftkühlung.
L = Luftzug, H = abgeleitete
Hitze, K = Kühlrippen.

Blendwirkung. Es ist deshalb durch eine besondere
Vorrichtung ermöglicht, durch einen einfachen Schalter,
der mit Hand oder Fuß bedient wird, die hellen
Scheinwerfer abzublenden (Abb. 47). In der Haupt-
sache werden heute Zünd-, Licht- und Anlasseranlagen
der Firma Robert Bosch, Stuttgart, verwendet, deren
Fabrikate nicht nur in Deutschland, sondern in aller
Welt den besten Ruf genießen.

Die Kühlung. Die rasch aufeinanderfolgenden Explosionen in jedem Zylinder, bei denen Hitzegrade bis
zu 2000° C auftreten, erfordern eine besondere Einrichtung, die geeignet ist, die Metallmassen entsprechend
zu kühlen und eine übermäßige Erhitzung, die bis zum
Erglühen dieser Metallteile führen würde, zu verhindern,

Man unterscheidet zweierlei Kühlung, die Luft- und
Wasserkühlung. Bei luftgekühlten Motoren wird eine
entsprechende Kühlung auf einfache Weise dadurch
erreicht, daß um den Zylinder Kühlrippen in größerer
Anzahl gelegt werden. Hiedurch wird die äußere
Oberfläche, die für die Wärmeabgabe an die Außenluft in Frage kommt, wesentlich vergrößert. Der Luftzug streicht bei dem in Fahrt befindlichen Fahrzeug
an den Kühlrippen vorbei und umspült so die Zylinder.
Die an den Kühlrippen ausströmende Hitze wird fort-
während vom frischen Luftstrom abgeführt (Abb. 48).

Während sich die Art der Kühlung bei freistehenden
leichteren Motoren, wie bei Kraftradmotoren, bewährt
und als ausreichend erwiesen hat, hat sich die Luftkühlung trotz verschiedentlicher Versuche bei mehrzylindrigen Reihenmotoren für Kraftwagen nicht
durchgesetzt. Wenn der Motor am Stand läuft, ebenso wenn er beim Bergauffahren bei geringer Geschwindigkeit mit hoher Tourenzahl läuft, wird die Luftkühlung unzureichend. Es tritt leicht Überhitzung des
Motors ein, was nicht nur die momentane Leistung
wesentlich herabmindert, sondern dem Material auf
die Dauer ernstlich schadet.

Die Kraftwagenmotoren sind deshalb heute, man
kann wohl sagen ausschließlich wassergekühlt.

Wasserkühlung. Man unterscheidet bei der Wasserkühlung zwei Systeme: Thermosiphon und Pumpen-
kühlung. Bei beiden
Systemen wird die Wär-
meableitung dadurch
erreicht, daß die Zylin-
der ständig vom Wasser
umspült werden. Das
Wasser, das sich an
den Zylinderwänden er-
wärmt, muß, soll es
nicht schon nach kur-
zer Zeit zum Sieden
kommen, zirkulieren
und durch eine beson-
dere Vorrichtung im-
mer wieder abgekühlt
werden. Diese Abküh-
lung wird dadurch er-

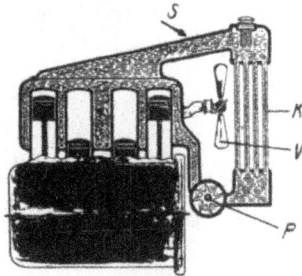

Abb. 49. Schematische Darstellung
der Wasserkühlung.

K = Kühler, P = Wasserpumpe,
S = Steigrohr, V = Ventilator.

reicht, daß das heiße, vom Zylinder kommende
Wasser durch den sog. Kühler fließt. Der Kühler besteht aus feinen Röhrchen oder Lamellen, die das

durchfließende Wasser in viele feine Kanälchen zer-
teilen. Der Luftzug des in Fahrt befindlichen Fahrzeu-

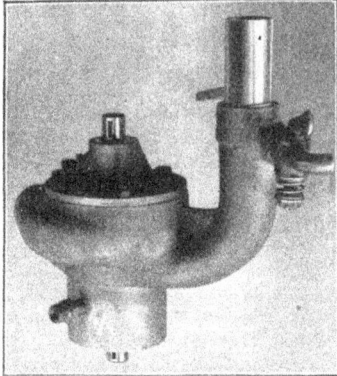

Abb. 50. Wasserpumpe.

Abb. 51. Kühler mit Steigrohr und Ventilator.
S = Steigrohr, K = Kühler, V = Ventilator.

ges umspült ständig diese Wasserkanäle, wodurch das
Wasser stark abgekühlt wird. Bei der Thermosiphon-

kühlung kommt der Kreislauf des Wassers von selbst zustande. Bekanntlich ist heißes Wasser leichter als kaltes, so daß das heiße Wasser ständig das Bestreben hat, nach oben zu steigen. Durch die Erhitzung des Wassers an den Zylinderwänden steigt das heiße Wasser nach oben und gelangt durch ein Steigrohr in den

Abb. 52. Spitzkühler.

Kühler. Das Wasser durchfließt den Kühler und kommt in abgekühltem Zustand vom Kühler her wieder zu den Zylindern. Bei der Thermosiphonkühlung kommt also die Zirkulation des Wassers ganz von selbst zustande. Besonders bei starken Motoren hat sich die Notwendigkeit ergeben, den natürlichen Kreislauf des sich erwärmenden Wassers durch eine Kreislauf-

pumpe zu unterstützen. Es wird hier durch eine vom
Motor zwangsläufig angetriebene Pumpe, die als
Zahnrad oder Zentrifugalpumpe ausgebildet sein kann,
das vom Kühler kommende abgekühlte Wasser ständig
den Zylindern zugetrieben und somit das Wasser fort-
während im Kreislauf gehalten (Abb. 49, 50 u. 51).

Zur Erhöhung der Kühlwirkung im Kühler wird
fast allgemein unmittelbar hinter dem Kühler ein vom
Motor angetriebener Ventilator eingebaut, der durch
die rasche Umdrehung seiner Flügel die Luft durch deh
Kühler ansaugt. Somit fördert er auch beim stehenden
Fahrzeug die Kühlung und erhöht beim fahrenden
Fahrzeug die Kühlwirkung der gegenströmenden Luft.

Die Kühler, deren äußere Formgebung recht verschieden ist, sind fast ausnahmslos vorne an der Stirn-
seite des Wagens angebracht. Der in letzten Jahren
in Deutschland bevorzugte Spitzkühler macht in letzter
Zeit mehr und mehr dem für die Ventilatorwirkung
günstigen, früher allgemein gebräuchlichen Flachkühler
Platz (Abb. 52).

Die Kühlwirkung ist im Winter bei niederen Luft-
temperaturen so groß, daß ein Teil des Kühlers zweckmäßig abgedeckt wird. Zu große Abkühlung des Kühlwassers ist nicht zweckmäßig, da der Motor nur bei
einer gewissen Temperatur seine volle Leistung ent-
faltet. Die normale Temperatur des Kühlwassers soll
ungefähr 60° C betragen. Bei starkem Frost muß das
Kühlwasser bei längerer Hinterstellung des Wagens
ganz abgelassen werden. Hiebei muß der Motor in
Gang gesetzt werden, da sonst Wasserrückstände in
der Pumpe bleiben. Der Gefahr des Einfrierens kann
aber auch durch Zusatz von Glyzerin oder Spiritus vor-
gebeugt werden.

Die Schmierung. Die im Motor aufeinander gleitenden Metallflächen, so alle Lagerstellen an der Kurbelwelle, Pleuellager, Nockenwelle, Kolbenbolzen und
Zylinderwände, an denen die Kolben auf- und nieder-
gehen, müssen zur Vermeidung übermäßiger Erhitzung
und zur Erzielung eines leichten Laufes ständig mit
Öl geschmiert werden. Ein einmaliges Ölen würde nicht
genügen, das Öl wäre bald verbraucht und ein länger
währender Dauerbetrieb könnte nicht erreicht werden.
Die Schmierung aller gleitenden Teile des inneren Trieb-
werkes des Motors muß deshalb unabhängig von der
Aufmerksamkeit des Führers automatisch geschehen.
Während man früher die Verteilung des Öls im Innern
des Motors einfach dadurch zustande brachte, daß die

Kurbelwelle bei ihren Umdrehungen in das Ölbad
im Gehäuse eintauchte und durch ihre rasche Umdre-
hungsbewegung im Innern des Motors herumschleu-
derte, ist man heute allgemein zur Pumpenölung übergegangen. Eine vom Motor zwangsläufig angetriebene
Pumpe hält ähnlich wie die Wasserpumpe das Wasser
das Öl ständig im Kreislauf (Abb. 53).

Von der Pumpe aus führen an alle Schmierstellen
im Motor eigene Ölleitungen, durch die die Pumpe das
Öl unter Druck den Lagerstellen zutreibt. Das Öl
befindet sich im Unterteil des Gehäuses, wo auch die
Ölpumpe angebracht ist. Das nichtverbrauchte Öl
tritt an den Schmierstellen aus und tropft ins Gehäuse

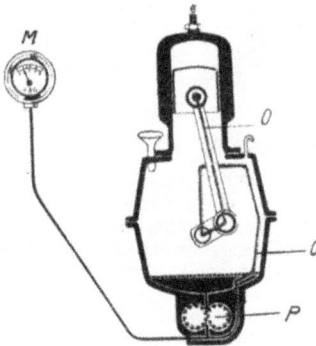

Abb. 53. Schematische Darstellung der Umlaufschmierung.
$P =$ Zahnradölpumpe, $O =$ Ölleitungen. $M =$ Manometer.

ab, wo es, durch ein Sieb gereinigt, wieder in die Pumpe
gelangt. Um die sichere Gewähr zu haben, daß das
Öl in alle Kanäle gepreßt wird, muß die Pumpe mit
Überdruck arbeiten. Zum Anzeigen dieses inneren Öl-
druckes werden Manometer verwendet, die an irgendeiner Stelle der Druckleitung angeschlossen und am
Führersitz angebracht sind. Tritt aus irgendeinem
Grund durch einen Leitungsbruch oder sonstige Mängel
Ölmangel ein, so merkt dies der Führer sofort daran,
daß der vom Manometer angezeigte Öldruck konstant
oder plötzlich sinkt (Abb. 54).

Gelangt zu viel Öl in die Zylinder, so macht sich
dies durch starke Rauchentwicklung bemerkbar.
Nicht der Betriebsstoff, wie häufig von Laien an-
genommen wird, erzeugt eine starke Rauchentwicklung.

Diese entsteht durch das im Zylinder bei der Explosion nicht vollkommen verbrannte Öl, das mit den Abgasen in Rauchform aus dem Auspuff entweicht. Bei älteren oder lange in Betrieb befindlichen Motoren, wenn Lager- und Kolbenringe nicht mehr dicht schließen, wenn die Pumpe zu reichlich eingestellt ist und zu viel Öl pumpt, oder wenn übermäßig viel Öl eingefüllt ist, tritt während des Fahrens dauernd starke Rauchentwicklung auf. Vorübergehend übernormale Rauchentwicklung, wie sie auch bei größter Aufmerksamkeit des Führers und einwandfreier Beschaffenheit des Motors nicht immer zu vermeiden ist, kann beim Anfahren, beim Wechseln der Geschwindigkeit (Schalten im bergigen Gelände) und insbesondere dann, wenn das Fahrzeug im Winter längere Zeit angehalten hat und das Öl abgekühlt und dickflüssig geworden ist, auftreten. Ganz ohne Einfluß ist dagegen die von Laien häufig vertretene Ansicht, ob der Führer die Auspuffklappe geöffnet hat oder nicht. Der Rauch entweicht, gleichviel ob er durch den Auspufftopf geht oder schon früher ins Freie austritt.

Abb. 54. Ölmanometer.

Auspufftopf. Die Auspuffgase gelangen durch das Auslaßventil in das Auspuffrohr. Würden sie aus diesem unmittelbar ins Freie entweichen, so wäre dies mit einer erheblichen Geräuschentwicklung verbunden. Das

Abb. 55. Auspufftopf.

Auspuffrohr führt deshalb in einen Auspufftopf, der die Gase nur allmählich ins Freie entweichen läßt (Abb. 55). Der Auspufftopf ist innen mit Zwischenwandungen, Spiralen oder Sieben versehen, die den Weg der Abgase ins Freie verlängern und somit stark schalldämpfend wirken. Die am freien Austritt behinderten Gase üben einen gewissen Rückdruck auf den Kolben aus und wirken dadurch, wenn auch nur im geringen Maße kraftraubend. Man hat deshalb früher allgemein

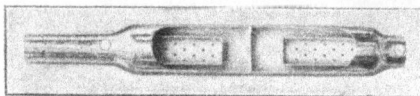

Abb. 56. Auspufftopf mit Sieb-Schalldämpfer.

vor dem Eintritt des Auspuffrohrs in den Auspufftopf eine durch eine Klappe verschließbare Öffnung angebracht (Abb. 56, 57). Das Öffnen und Schließen der Klappe konnte vom Führersitz aus betätigt werden. Bei geöffneter Klappe treten die Gase durch die

Abb. 57. Auspufftopf mit Spiral-Schalldämpfer.

Öffnung ins Freie, ohne den Weg durch den Auspufftopf zu machen. Nach der neuesten Gesetzgebung dürfen jedoch Kraftfahrzeuge mit derartigen Auspuffklappen, die geeignet sind den Auspufftopf außer Wirkung zu setzen, nicht mehr Verwendung finden.

Steuer- und Effektivleistung des Motors. Die Arbeitsleistung einer Maschine wird in Meterkilogramm zum Ausdruck gebracht. Unter Meterkilogramm versteht man jene Arbeit, welche geleistet wird, wenn man ein Kilogramm Zug längs eines Weges von einem Meter Länge aufwendet, z. B. wenn man ein Kilogramm einen Meter hoch hebt. Unter Leistung oder Effekt ist die Arbeit, die in einer Sekunde geleistet wird, zu verstehen. Als Maß der Leistung gilt das Meterkilogramm in der Sekunde (mkg/sek). Für größere Leistungen gilt als Leistungsmaßstab die Pferdestärke. Eine Pferdestärke (PS) ist gleich 75 mkg/sek.

Bei der Angabe der Motorleistung ist nun zu unterscheiden zwischen Steuer/PS und Effektiv/PS. Die Steuer/PS-Zahl ist bei der üblichen Angabe der Motorenstärke, z. B. 4/14 PS, 8/30 PS, 18/70 PS immer die jeweils erstgenannte Zahl. Sie errechnet sich aus dem

Abb. 58. Gesamtansicht des Motors. Ansaugseite. Mercedes kompr. 24/100/140 PS.
Vl = Ventilator, Vg = Vergaser, Kp = Kompressor, As = Ansaugrohr.

Abb. 59. Gesamtansicht des Motors. Auslaßseite.

Zylinderinhalt und der Anzahl der Zylinder. Für einen
Viertaktmotor lautet die Steuerformel:

PS = Anzahl der Zylinder mal Kolbenhub mal
Zylinderbohrung im Quadrat mal 0,3, wobei 0,3
eine Konstante ist. Also PS = $i \times s \times d^2 \times 0,3$.

In dieser Formel bedeutet i die Anzahl der Zylinder,
s den Kolbenhub in Metern, d Zylinderdurchmesser in
Zentimetern. Die auf Grund dieser Formel berechnete
Motorleistung, die mit Hilfe der in jeder Typenbeschei-
nigung eines Fahrzeuges enthaltenen Angaben ohne
weiteres berechnet werden kann, ergibt die für Ver-
steuerung des Kraftfahrzeuges zugrunde zu legende
PS-Zahl.

Die bei der Motorleistung an zweiter Stelle genannte
Zahl — bei obigen Beispielen 14, 30, 70 PS — drückt
die Effektivleistung des Motors aus, d. h. die tatsäch-
liche Leistung des Motors an der Kurbelwelle. Diese
Leistung wird auch Bremsleistung genannt. Sie wird
festgestellt am sog. Bremsstand, wo die Leistung des
laufenden Motors an besonders hiefür konstruierten
Instrumenten nach Pferdestärken abgelesen werden
kann. Die angegebene Pferdestärke bedeutet die
Spitzenleistung des Motors bei voller Tourenzahl.
Wenn z. B. ein Motor eine Höchsttourenzahl von 2000
Umdrehungen in der Minute macht, so leistet er seine
volle Stärke bei dieser Tourenzahl. Macht er weniger
Touren, ist auch seine effektive Leistung entsprechend
geringer. Bei Motoren mit Kompressor ist noch eine
dritte Leistungszahl angegeben; so z. B. bei den Merce-
deskompressortypen 15/70/100 PS oder 24/100/140 PS.
Hiebei bedeutet die zuletzt genannte Zahl die Höchst-
leistung des Motors bei Anwendung des Kompressors.

III. Das Fahrgestell.

Unter Fahrgestell versteht man den Wagen ohne
Aufbau, d. h. ohne Karosserie. Zur zweckmäßigen und
restlosen Ausnützung der vom Motor erzeugten Kraft
sind beim Wagen noch eine Reihe von Einrichtungen
notwendig, die die Kraftübertragung auf die Hinterräder bewerkstelligen. Es sind dies: Schwungrad mit

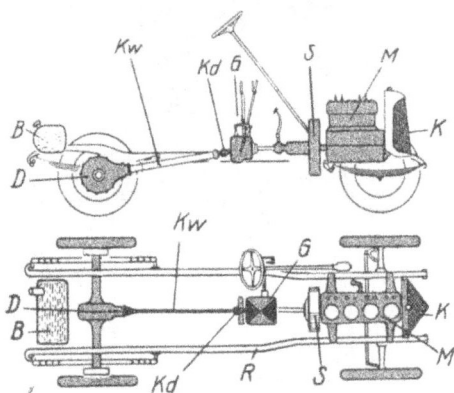

Abb. 60. Chassis, Seitenansicht und Draufsicht.

K = Kühler,	R = Rahmen,
S = Schwungscheibe und	M = Motor,
Kupplung,	G = Getriebe,
Kd = Kardan,	Kw = Kardanwelle,
D = Differenzial,	B = Betriebsstoffbehälter.

Kupplung, das Wechselgetriebe, Kardan mit Kardanwelle, Ausgleichsgetriebe oder Differential. Alle diese
Teile, der Motor, Vorder- und Hinterachse mit Federn
sind an einem starken Rahmen aus gepreßtem Stahl-
blech angebracht (s. Abb. 60)

Die Kupplung. Mit dem Ende der Kurbelwelle fest
verbunden ist das sog. Schwungrad. Dieses Schwungrad

läuft deshalb stets mit der gleichen Umdrehungszahl wie die Kurbelwelle des Motors. Das Schwungrad überträgt nun zunächst die Kraft auf die Kupplung. Die Kupplung, die konisch in das Schwungrad eingepaßt ist, wird durch eine starke Feder ständig in die Schwungscheibe gepreßt. Der in die Schwungscheibe eingreifende

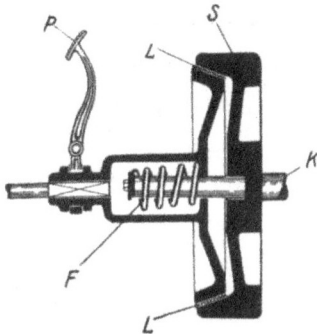

Abb. 61. Kupplung (schematische Darstellung).

P = Kupplungspedal,   F = Kupplungsfeder,
K = Kurbelwellenende,   S = Schwungscheibe.
L = Lederbelag,

konische Teil der Kupplungsscheibe ist mit Leder bekleidet um den Reibungswiderstand zu erhöhen und einen festen Sitz dieser beiden konisch ineinander gepaßten Teile zu erreichen (s. Abb. 61). Um nun die Kraftübertragung des Motors auf die beiden Hinterräder ausschalten zu können, was zum Zwecke des Haltens und Wiederanfahrens ohne den Motor abzustellen notwendig ist, kann die Verbindung zwischen Kupplung und Schwungscheibe auf einfache Weise vom Führersitz aus gelöst werden. Die Kupplungsscheibe wird durch das Austreten des Kupplungspedals nach rückwärts gedrückt und dadurch die Wirkung der Kupplungsfeder aufgehoben. Hiedurch löst sich die Kupplungsscheibe aus dem konischen Sitz im Schwungrad, und die Kraftübertragung des Motors auf die Hinterräder hört auf. Man sagt, es ist ausgekuppelt und der Motor läuft leer (s. Abb. 62). Sobald der Führer den Fuß vom Kupplungspedal nimmt, wird die Kupplungsscheibe durch die Kraft der Kupplungsfeder wiederum von selbst in das Schwungrad gepreßt. Diese wohl gebräuchlichste Ausführung wird Lederkonuskupplung genannt. Eine andere Art, die heute häufig bei Kraftwagen Anwendung findet, ist die Lamellenkupplung, deren genauere Beschreibung im Rahmen dieses Buches zu weit führen würde.

Das Getriebe. Würde nun die Kraftübertragung von der Kupplung unmittelbar auf die Hinterräder erfolgen, so müßte jeder Geschwindigkeitswechsel sowohl beim Fahren in der Ebene wie beim Bergauffahren durch die Tourenzahl des Motors reguliert werden. Nur ein außergewöhnlich starker Motor wäre imstande sowohl in der Ebene eine genügende Schnelligkeit wie auch beim Bergauffahren eine hinreichende Leistung zu erzielen. Ein Rückwärtsfahren wäre nicht möglich, da die Konstruktion des Benzinmotors ein Rückwärtslaufen des Motors überhaupt nicht gestattet.

Ein leicht verständliches Beispiel hiefür ist das Fahrrad. Ist die Tretkurbel zum Hinterrad sehr klein übersetzt, so muß die Tretkurbel verhältnismäßig oft gedreht werden um einen gewissen Weg zurückzulegen. Dies ist beim Fahren in der Ebene ein gewisser Nachteil. Ist das Übersetzungsverhältnis groß, d. h. auf eine

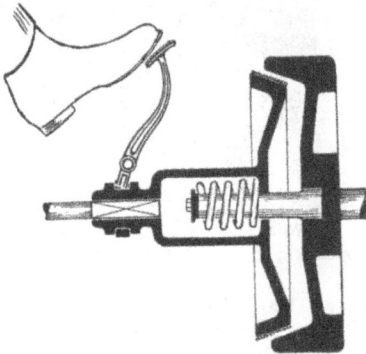

Abb. 62. Kupplung ausgetreten.

Umdrehung der Tretkurbel kommen möglichst viele Umdrehungen des Hinterrades, so wird in der Ebene leichter eine große Geschwindigkeit entwickelt werden können, das Bergauffahren jedoch erfordert wesentlich mehr Kraft. Man ist deshalb auch beim Fahrrad schon vor Jahren darangegangen auswechselbare Übersetzun-

gen einzubauen um die Kraft des Fahrers je nach dem
zu überwindenden Gelände rationell ausnützen zu
können.

Um nun auch beim Kraftfahrzeug die Umdrehungszahl der Kurbelwellen und die der Hinterachse je
nach der vom Fahrzeug zu leistenden Arbeit möglichst
günstig zueinander gestalten zu können, ist zwischen
der Kupplung und der die Kraft auf die Hinterachse

Abb. 63. Getriebe geöffnet.
K = Kupplungspedal, B = Bremspedal.

übertragenden Kardanwelle das sog. Wechselgetriebe
eingeschaltet (s. Abb. 63).

Das Wechselgetriebe gestattet dem Fahrer vier
verschiedene Vorwärtsgänge, d. h. vier verschiedene
Übersetzungsverhältnisse zwischen der Drehzahl des
Motors und der Drehzahl der Hinterachse herzustellen
und außerdem durch Einschalten des Rückwärtsganges
das Fahrzeug nach rückwärts zu bewegen. Es sind,
wenn auch nur meist bei schwächeren Fahrzeugen,
Getriebe mit drei Vorwärtsgängen gebräuchlich. Der
leichteren Verständlichkeit halber wird im folgenden

ein Getriebe mit drei Vorwärtsgängen und einem Rückwärtsgang beschrieben.

Beim Fahren in der Ebene ist stets der größte, d. h. der direkte Gang eingeschaltet. Die Kraftübertragung erfolgt hier von der Kupplungswelle über das Getriebe direkt auf die Kardanwelle, so daß Kupplungswelle, Getriebewelle und Motor direkt miteinander verbunden sind und die gleichen Umdrehungszahlen machen. Durch entsprechende Verschiebung der Zahnräder auf der Getriebewelle greifen die Zahnräder der Getriebewelle verschiedentlich in die Zahnräder der Nebenwelle ein, die auch Vorgelege genannt wird. Hiedurch ändert sich je nach der Stellung der Zahnräder das Verhältnis der Drehzahlen zwischen Kupplungswelle und Getriebewelle.

Das Getriebe besteht aus zwei Wellen, die im Getriebekasten nebeneinander angeordnet sind. Auf der Getriebewelle sitzen die Zahnräder *1* und *2*. Diese Welle ist mit der Kardanwelle verbunden und treibt durch diese die Hinterräder an. Auf der Nebenwelle sitzen die Zahnräder *B*, *3*, *4* und *5*. Die Kupplungswelle, die mit ihrem Ende in das Getriebe ragt, trägt das Zahnrad *A*. Dieses Zahnrad *A* greift ständig in das Zahnrad *B* der Nebenwelle ein, so daß die Nebenwelle ständig von der Kupplungswelle angetrieben wird. Die Getriebewelle wird nur im direkten Gang unmittelbar von der Kupplungswelle angetrieben. Bei allen anderen Gängen erhält die Getriebewelle ihren Antrieb durch die Nebenwelle. Die Zahnräder *1* und *2*, die auf der vierkantigen Getriebewelle sitzen, können nun durch Hebelübertragung mittels des Schalthebels vom Führersitz aus auf der Welle verschoben werden. Beim direkten Gang greift keines der Räder *1* und *2* in ein Rad der Nebenwelle ein. Die Getriebewelle wird durch Klauenkupplung mit der Kupplungswelle fest verbunden, so daß die Kraftübertragung vom Motor zur Kardanwelle direkt und ohne Zahnradübersetzung erfolgt (s. Abb. 64). Die Gänge *1* und *2* kommen folgendermaßen zustande: Die Zahnräder *1* und *2* werden auf der Getriebewelle so weit gerückt, daß nach Aufhebung der starren Verbindung zwischen Kupplungs- und Getriebewelle das Zahnrad *2* in das Zahnrad *4* der Nebenwelle eingreift. Der Antrieb der Kardanwelle erfolgt nun auf folgendem Weg: Die Kupplungswelle treibt das Zahnrad *A*, das durch sein Eingreifen in das Zahnrad *B* die Nebenwelle in Drehung versetzt. Das Zahnrad *4* der Nebenwelle treibt, da es in das Zahnrad *2* eingreift, die Getriebewelle und mit dieser die Kardanwelle (s. Abb. 65). Das Übersetzungsverhältnis zwischen Kupplungswelle bzw. Kurbelwellenumdrehung

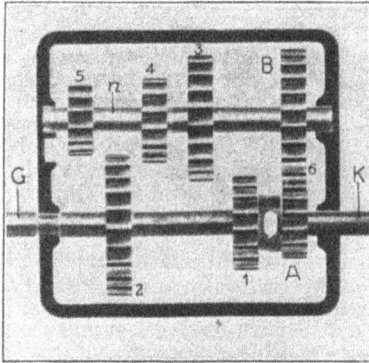

Abb. 64. Dreiganggetriebe: Dritter oder direkter Gang.

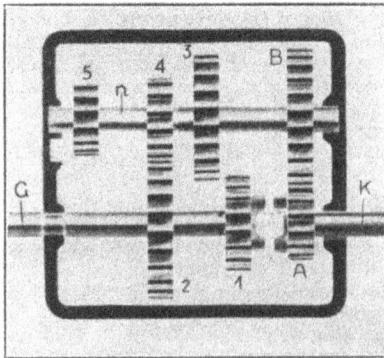

Abb. 65. Dreiganggetriebe: Erster Gang.

G = Getriebewelle,   *n* = Nebenwelle oder
K = Kupplungswelle,   Vorgelege.

und Umdrehung der Kardanwelle wird durch die verschiedene Größe der einzelnen Zahnräder folgendes: Zahnrad *A* ist halb so groß, d. h. es hat die halbe Anzahl Zähne wie das Zahnrad *B* der Nebenwelle. Das

Zahnrad *A* muß also zwei volle Umdrehungen machen
um die Nebenwelle einmal zu drehen. Mit anderen
Worten, die Nebenwelle macht die halbe Umdrehungs-

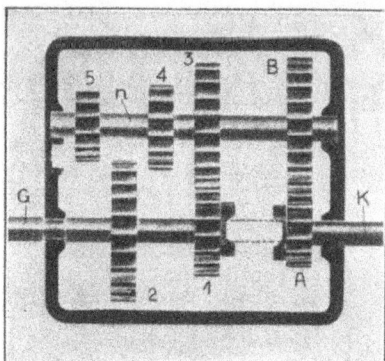

Abb. 66. Dreiganggetriebe: Zweiter Gang.

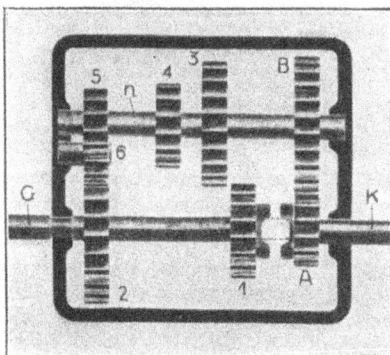

Abb. 67. Dreiganggetriebe: Rückwärtsgang.

G = Getriebewelle, *n* = Nebenwelle oder
K = Kupplungswelle, Vorgelege.

zahl wie die Kupplungswelle. Das Zahnrad *4* der Nebenwelle macht dieselbe Umdrehungszahl wie das Zahnrad *B*, da es ja auf der gleichen Welle wie dieses sitzt.
Durch das Zahnrad *4* wird das Zahnrad *2* der Getriebe-

welle angetrieben, das wiederum doppelt so groß ist als das Zahnrad *4* auf der Nebenwelle. Bei zwei Umdrehungen des Zahnrads *4* macht also das Zahnrad *2* und somit Getriebe- und Kardanwelle nur eine Umdrehung. Die Getriebewelle bzw. Kardanwelle dreht sich demnach viermal langsamer als die Kurbelwelle im Motor. Kupplungswelle und Getriebewelle sind also im Verhältnis 4:1 übersetzt. Das Übersetzungsverhältnis kann durch die Wahl der Größe der einzelnen Zahnräder beliebig gestaltet werden.

Bei der beschriebenen Schaltung des ersten Ganges macht also bei 4 Umdrehungen der Kurbelwelle die

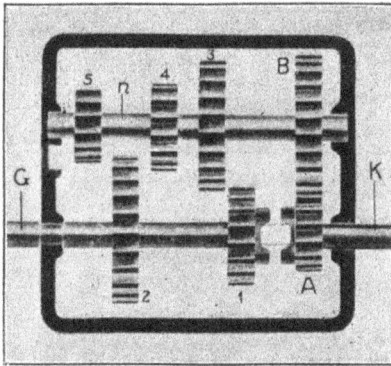

Abb. 68. Dreiganggetriebe: Leerlaufstellung.

K = Kupplungswelle,   *n* = Nebenwelle oder
G = Getriebewelle.   Vorgelege.

Kardanwelle, die die Kraft auf die Hinterräder überträgt, nur eine Umdrehung. Werden die Zahnräder *1* und *2* durch entsprechende Stellung des Schalthebels so verschoben, daß das Zahnrad *2* aus dem Zahnrad *4* ausgerückt wird, das Zahnrad *1* hingegen in das Zahnrad *3* eingreift, so wird ein Übersetzungsverhältnis geschaffen, das zwischen dem beschriebenen ersten und dritten Gang liegt. Es ist bei dieser Stellung der Zahnräder der zweite Gang eingeschaltet (s. Abb. 66).

Soll der Wagen rückwärts bewegt werden, so wird das Zahnrad *2* zum Eingreifen in das Zahnrad *6* gebracht. Das Zahnrad *6* sitzt nicht auf der Nebenwelle, sondern wird vom Zahnrad *5* der Nebenwelle angetrieben. Das Zahnrad *6* läuft demnach im gegenteiligen Drehsinn als die Nebenwelle. Hiedurch wird auch das Zahnrad *2* und somit Getriebe- und Kardanwelle im umgekehrten Sinne angetrieben (s. Abb. 67).

Wenn nach Lösung der starren Verbindung zwischen Zahnrad *A* und *1* der direkte Gang ausgerückt ist, und keines der beiden Zahnräder *1* und *2* der Getriebewelle in ein Zahnrad der Nebenwelle eingreift, so erhält die Getriebewelle keinen Antrieb. Man nennt diese Stellung die Leerlaufstellung. Hiedurch ist es möglich den Motor am Stand laufen zu lassen ohne die Kupplung auszutreten (s. Abb. 68).

Kardan und Kardanwelle. Vom Getriebe, d. h. von der Getriebewelle wird die Kraft über das Kardan gelenkt und die damit verbundene Kardanwelle auf die Hinterachse übertragen. Da die Hinterachse nicht fest wie das Getriebe mit dem Rahmen verbunden ist,

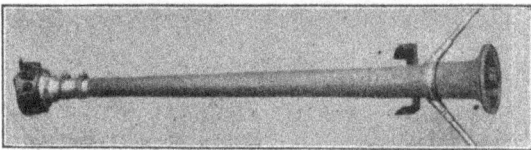

Abb. 69.   Kardanwelle mit Kardan.

sondern in Federn hängt, darf die Übertragung von der Getriebewelle zur Hinterachse keine starre sein. Die Hinterachse, die beim Befahren von Unebenheiten durch das Nachgeben der Federn auf und ab schwingt, würde, wenn Kardanwelle, Hinterachse und Getriebewelle starr miteinander verbunden wären, diese starre Verbindung abreißen. Es ist deshalb ein nach allen Seiten hin nachgebendes Gelenk, das sog. Kardan zwischen Getriebeachse und Kardanwelle eingefügt. Von diesem Kardangelenk aus führt die Kardanwelle zur Hinterachse und überträgt mittels Zahnradantriebs die Kraft auf diese, wodurch die Hinterräder in Drehung versetzt werden (s. Abb. 69).

Hinterachse und Ausgleichsgetriebe (Differential). Die Hinterräder des Wagens drehen sich nicht lose auf der Achse sondern sind mit ihr fest verbunden, da sie ja von ihr angetrieben werden. Würden beide Räder auf einer ungeteilten durchgehenden Achse sitzen, so müßten zwangsläufig beide die gleiche Umdrehungs-

zahl machen. Fährt nun aber ein Wagen eine Kurve,
so hat das innere Rad einen kürzeren Weg zurückzulegen als das äußere. Es muß deshalb, soll nicht eines
oder beide Räder schleifen, was nicht nur einen erhöhten
Gummiverbrauch sondern auch ein Schleudern des Wa-

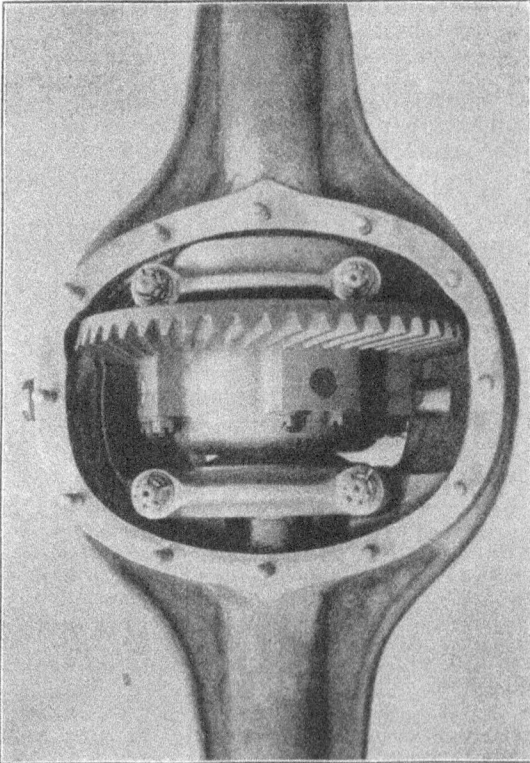

Abb. 70. Differenzial.

gens in der Kurve hervorrufen würde, die Umdrehungszahl der Räder entsprechend dem zurückzu-
legenden Weg ausgeglichen werden. Um dies zu erreichen, ist die Achse nicht durchgehend sondern geteilt.
Zwischen der Antriebsachse des rechten und der des
linken Rades ist in einem Gehäuse, dem sog. Differen-

tialgehäuse, ein Kegelradgetriebe eingeschlossen, das diesen Ausgleich in sinnreicher Weise betätigt. Dieses Getriebe wird Ausgleichsgetriebe, kurz Differential, genannt (s. Abb. 70).

Die Lenkung. Die Lenkung des Kraftwagens erfolgt durch Drehung des Steuerrades durch den Führer. Das Steuerrad sitzt am oberen Ende der Steuersäule. Am unteren Ende befindet sich eine Schnecke, die durch die Drehung des Steuerrades mitgedreht wird. Diese Schnecke greift in ein gezahntes, um eine Achse drehbares Segment ein, mit dem ein Hebelarm, der sog. Lenkschenkel, fest verbunden ist. Wird nun das Steuerrad gedreht, so dreht die Schnecke das Segment und der Lenkschenkel wird hin- und herbewegt (s. Abb. 71). Diese Hin- und Herbewegung des Lenkschenkels wird durch die Schubstange zunächst auf die Lenkteile des rechten Vorderrades übertragen. (Bei Linkssteuerung auf das linke Rad.) Die beiden Vorderräder sitzen nicht auf einer durchgehenden festen Vorderachse sondern auf je einem Achsschenkel, der sich um einen Zapfen, den sog. Lenkzapfen, drehen kann. Mit dem Achsschenkel des rechten Rades fest verbunden ist ein Winkelhebel. Am vorderen Arm dieses Winkelhebels, auch Lenkschenkel genannt, ist die Schubstange befestigt. Bei der Hin- und Herbewegung der Schubstange wird der Lenkschenkel bewegt und das rechte Vorderrad dadurch nach innen oder außen gedreht. Durch den anderen Arm des Winkelhebels, der die Bewegungen zwangsläufig mitmacht, wird die Drehung des rechten Rades auf das linke Rad übertragen. Eine Stange, die Spurstange, verbindet den Spurstangenhebel des rechten Rades mit einem entsprechenden Hebel am linken Rad, so daß jede Bewegung des rechten Rades zwangsläufig auf die des linken Rades übertragen wird (s. Abb. 72, 73 u. 74).

Bei jedem Wagen läßt sich das Steuerrad einige Grade hin und herbewegen, ohne daß die Vorderräder bewegt werden. Man nennt dies den toten Gang der Steuerung. Wenn die Schnecke an der Steuersäule oder die Gelenke der übrigen Steuerteile durch starke Abnützung viel Spiel bekommen haben, so wird der tote Gang der Steuerung so groß, daß eine sichere Lenkung nicht mehr möglich ist.

Die Steuerung gehört zu den wichtigsten Teilen am Kraftwagen und bedarf besonders gründlicher Pflege und Beobachtung. Der Bruch irgendeines Teiles der Steuerübertragung, beispielsweise der Bruch eines Spur-

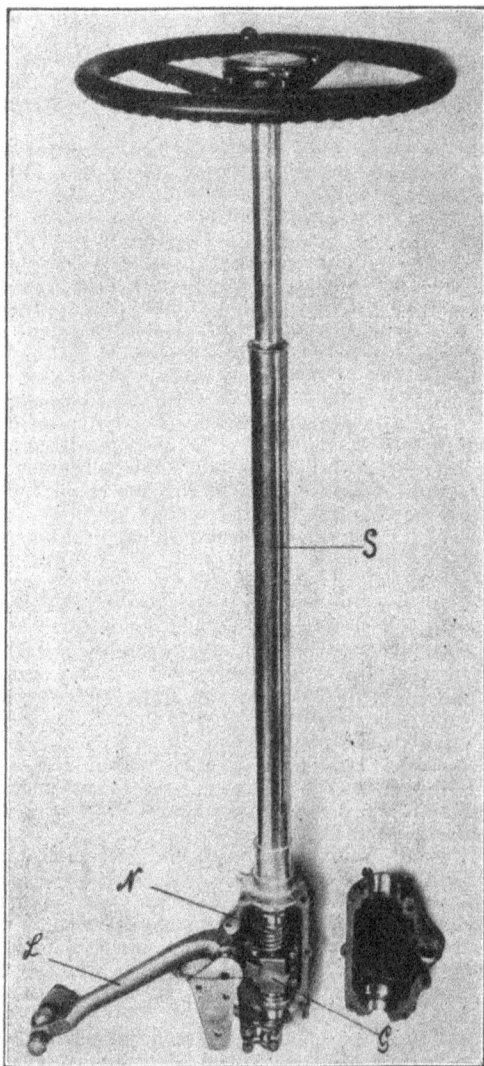

Abb. 71. Steuerrad mit Steuersäule, Schnecke und Lenkhebel.

S = Steuersäule.   L = Lenkschenkel.
N = Schnecke.   G = Segment.

stangen- oder Lenkhebels, macht den Wagen sofort
steuerunfähig. Es ist leicht erklärlich, daß selbst bei
geringen Geschwindigkeiten ein derartiger Bruch der
Steuerung die schwersten Folgen haben kann (s. Abb. 75).

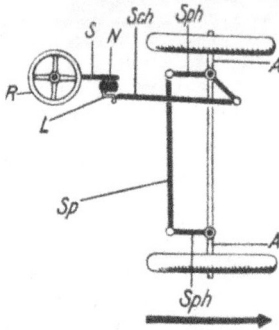

Abb. 72. Steuerung.

R = Steuerrad.
S = Steuersäule.
N = Schnecke.
L = Lenkschenkel.

Sch = Schubstange.
A = Achsschenkel.
Sph = Spurtstangenhebel.

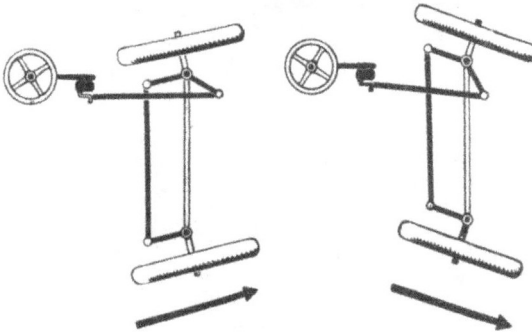

Abb. 73. Steuerung nach links
eingeschlagen.

Abb. 74. Steuerung nach rechts
eingeschlagen.

Bremsvorrichtungen. Wenn auch die Geschwindigkeit durch die Gasregulierung erhöht und vermindert
und der Motor durch das Austreten der Kupplung ganz
ausgeschaltet werden kann, so reichen doch diese Ein-

Abb. 75. Lenkteile mit Vorderachse.

richtungen für die in der Praxis notwendig werdende rasche Geschwindigkeitsverminderung und für Fälle, wo das Fahrzeug auf kürzeste Entfernung zum Halten gebracht werden soll, nicht aus. Selbst wenn der Motor

ausgeschaltet ist, läuft der Wagen durch die lebendige
Kraft der in Bewegung befindlichen Masse je nach der
Geschwindigkeit noch eine erhebliche Strecke weiter,
bis er zum Stehen kommt. Um diese lebendige Kraft
möglichst rasch zu vernichten, ist der Kraftwagen mit
besonderen Bremseinrichtungen ausgestattet. Wir unterscheiden vier Hauptarten von Bremsen:

1. die Getriebebremse,
2. die Hinterradbremse,
3. die Vierradbremse,
4. die Luftdruckbremse.

Jeder Kraftwagen muß nach den geltenden gesetz-
lichen Vorschriften mit zwei voneinander unabhängigen
Bremsen, von denen mindestens eine auf die Hinterräder
oder auf Bestandteile, die mit diesen fest verbunden
sind, wirkt, ausgerüstet sein. Die bisher gebräuchlichste
Form der Anordnung ist: Eine Getriebebremse, die
als Fußbremse und eine Hinterradbremse, die als Handbremse ausgebildet ist.

Im allgemeinen unterscheidet man zwischen Außen-
backen- und Innenbackenbremsen, je nachdem die
Bremsbacken von innen her oder von außen gegen die
Bremstrommel gedrückt wird. Die Getriebebremse
ist als Außenbackenbremse ausgebildet und hemmt die
Kardanwelle in ihrer Umdrehung dadurch, daß sich
beim Anziehen der Bremse zwei Bremsbacken um eine
mit der verlängerten Getriebe-
welle fest verbundene Trommel
legen. Betätigt wird die Bremse
dadurch, daß der Führer ein
Pedal, das in der Regel rechts
des Kupplungspedals angeordnet ist, austritt. Diese Art
der Bremsung hat den Nachteil, daß die Hinterräder nicht
unmittelbar und beide gleichmäßig in ihrem Lauf gehemmt
werden, sondern nur der Antrieb abgebremst wird. Die

Abb. 76. Außenbacken-
bremse.

Wirkung des Differentials ist während dieser Bremsung
eine ungehinderte, weshalb sich beide Räder frei bewegen können. Es hinterläßt deshalb diese Art der
Bremsung nicht die deutlich sichtbare Bremsspur, wie
sie durch das Blockieren und Schleifen der Hinterräder bei starker Anwendung der Handbremse entsteht. Bei plötzlicher Betätigung der Getriebebremse

kommt der Wagen besonders auf schlüpfriger und ver-
eister Straße leicht ins Schleudern (s. Abb. 76).

Die Hand- oder Hinterradbremse, die als fest-
stellbare Bremse ausgebildet ist, bremst die beiden
Hinterräder unmittelbar ab. Sie ist als Innenbackenbremse ausgeführt. Mit den Rädern fest verbunden
sind die Bremstrommeln, gegen deren Wandungen
von innen her die Bremsbacken gedrückt werden. Die

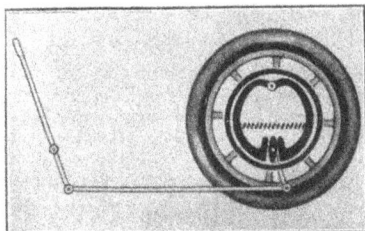

Abb. 77. Hinterrad-Innenbackenbremse in Ruhezustand.

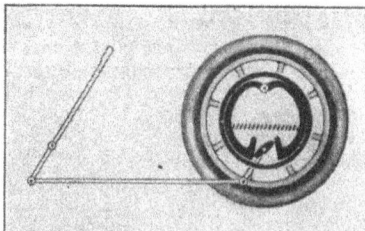

Abb. 78. Innenbackenbremse, angezogen. Bremsnocken
drückt die Bremsbacken gegen die Trommel.

Bremsbacken werden durch eine Feder ständig zu-
sammengedrückt. Die Hebelwirkung beim Anziehen
der Bremse wird durch Gestänge auf den Bremsnocken
übertragen. Dieser wird gedreht, wodurch die Bremsbacken auseinandergedrückt und gegen die Wandung
der Trommel gepreßt werden. Da die Trommel mit
dem Hinterrad fest verbunden ist und sich mit diesem
dreht, wird das Hinterrad abgebremst (s. Abb. 77, 78, 79).

Die großen Geschwindigkeiten der modernen Kraftfahrzeuge haben zu einer neueren verbesserten Brems-

anordnung, der sog. Vierradbremse geführt. Bei der
Vierradbremse, die gewöhnlich als Fußbremse angeordnet ist, werden wie bei der beschriebenen Handbremse
die Hinterräder durch Austreten des Bremspedals,
die vier Räder des Wagens gleichzeitig gebremst. Diese
Art der Bremsung ermöglicht ein wesentlich schnelleres
Anhalten und vermindert die Gefahr des Schleuderns
auch beim Blockieren der Räder wesentlich. Die Brems-

Abb. 79. Demontierte Hinterradbremse.
B = Bremsbacken, N = Bremsnocken, F = Federn.

übertragung auf die Vorderräder muß so konstruiert
sein, daß die Lenkung nicht ungünstig beeinflußt wird
(s. Abb. 80).

Die modernste Art der Bremsung ist die Luftdruck-
bremsung.

Der Steigerung der Fahrgeschwindigkeit von Kraftfahrzeugen ist überall da eine Grenze gesetzt, wo die
Kraft des Fahrers nicht mehr ausreicht, die dem Fahrzeug innewohnende Energie im Gefahrfalle auf kürzestem Wege zu vernichten. Man sah sich daher gezwungen andere Kräfte zu Hilfe zu nehmen. Man hat deshalb
die schon im Eisenbahnbau zu hoher Entwicklung ge-

langte Druckluftbremse den Anforderungen des Kraft-
wagenverkehrs angepaßt. Unter Verwertung ihrer
jahrzehntelangen Erfahrung auf diesem Gebiet schuf
die Knorrbremse-A.-G. Berlin eine Druckluftbremse für
Lastkraftwagenzüge, die nach sorgfältigen Versuchen
und Erprobungen im Laufe mehrerer Jahre heute so
weit entwickelt ist, daß sie alle Bedingungen, die an
Wirksamkeit und Betriebsicherheit einer Bremse zu
stellen sind, erfüllt. Jedes Rad hat zur Betätigung seiner
Bremsbacken einen Druckluftzylinder, der unmittelbar
am Rade selbst sitzt (s.
Abb. 81). Ein vom Motor
zwangsläufig angetriebener
Kompressor saugt die im
Sauger vom Staub gerei-
nigte Luft an und drückt
sie über den Druckregler in
die beiden Druckbehälter.
Der Druckregler besitzt eine
Feder, die auf den Brems-
druck ständig eingestellt ist.
Der Kompressor läuft ständig mit und pumpt solange
Luft in die Behälter, bis der
an der Feder des Druck-
reglers eingestellte Druck erreicht ist. Von da ab schal-
tet der Druckregler den
Kompressor auf Leerlauf
und schließt ihn wieder
selbsttätig an die Behälter

Abb. 80. Bremstrommel am
Vorderrad bei der Vierradbremse.

an, sobald der Druck in
diesen auch nur um ein Geringes gesunken ist. Selbst
wenn der Druckregler ver-
sagen sollte, könnte der Druck nur um ein ganz
Geringes steigen, da dann das an die Druckleitung ange-
schlossene Sicherheitsventil abblasen würde.

Die Bremsen werden durch das Führerventil ge-
steuert, das die Bremszylinder der Räder des Zugwagens
durch die Leitungen mit Druckluft beschickt, die des
Anhängers jedoch entlüftet, während das Lösen im
umgekehrten Sinne erfolgt. Das Führerventil wird durch
ein Bremspedal betätigt, das im Ruhezustand durch
eine Feder in Lösestellung gehalten wird (s. Abb. 82).
Wird das Pedal in die Bremsstellung gedrückt, so gibt
der Schieber des Führerventils der Luft den Weg nach

den Bremszylindern frei, der Luftdruck in diesen steigt
allmählich an. Ist die gewünschte Bremskraft erreicht,

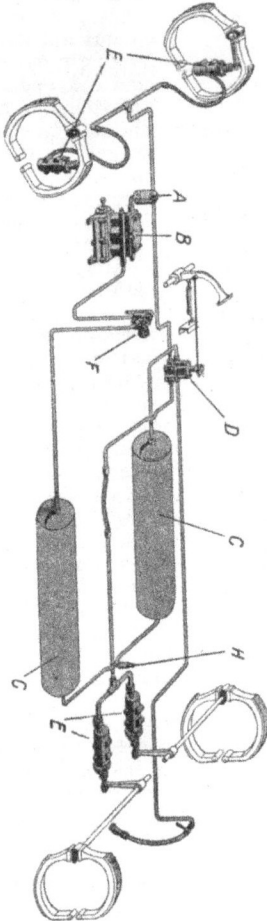

Abb. 81. Schema einer Bremsanlage für Lastkraftwagen.

A = Sauger, B = Kompressor, C = Druckregler, F = Druckbehälter, H = Sicherheitsventil, D = Führerventil, E = Bremszylinder.

so wird der Fuß in die Abschlußstellung zurückgenommen, wodurch im Schieber alle Kanäle abgeschlossen
werden, die erzielte Bremswirkung bleibt also bestehen.

Stahl, Kraftfahrwesen.   5

Zur Ausführung einer Schnellbremsung wird das Pedal in die Notbremsstellung ganz niedergetreten; es strömt dann die Luft durch weite Kanäle in die Bremszylinder, der Druck steigt sehr schnell an und der Zug kommt auf kürzeste Entfernung zum Halten. Läßt man das Pedal wieder in Lösestellung hochschnellen, so werden die Bremsen gelöst. Die Abschluß- und Bremsstellung sind durch federnde Anschläge dem Fuß leicht fühlbar gemacht.

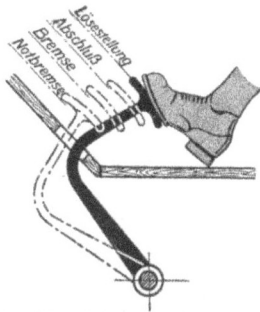

Um zu verhüten, daß die Vorderräder bei Glatteis durch unvorsichtiges Bremsen blockiert werden, ist in die nach den Vorderrädern führende Leitung ein Dreiweghahn eingebaut, durch den die Vorderradbremse jeden Augenblick abgestellt oder wieder eingeschaltet werden kann.

Abb. 82. Stellungen des Brems-pedals.

Die Schlauchkupplung zwischen Motorwagen und Anhänger ist so konstruiert, daß sie sich beim Strecken der Schläuche selbsttätig löst. Reißt also ein Anhänger ab, so entkuppelt sich die Schlauchkupplung. Während sich das im Kupplungskopf des vorderen Schlauches eingebaute Rückschlagventil selbsttätig schließt und Luftverluste des vorderen Zugteiles verhindert, entströmt die Luft der Bremsleitung des abgerissenen Zugteiles vollkommen, so daß dessen Bremsen sofort mit voller Stärke anziehen und diesen Teil des Zuges auf kürzestem Wege zum Halten bringen.

Der Erwägung Rechnung tragend, daß auch bei Personenfahrzeugen eine Vierradbremse nur dann Zweck hat, wenn der Fahrer in der Lage ist mit ihr alle Räder bei genügend großem Reservehub wirkungsvoll, d. h. bis zum Höchstmaße abzubremsen, hat die Knorrbremse-A.-G. nach vorstehenden Grundsätzen auch für Personenwagen eine Druckluftbremse gebaut.

Nachstehende Bremstabelle gibt eine Übersicht über die bei den verschiedenen Graden der Bremsverzögerung sich ergebenden Bremswege.

Die Bereifung. Um die Stöße der Straßenunebenheiten, die sich beim Fahren auf das Fahrzeug übertragen abzuschwächen, müssen die Radkränze mit einem elastischen Stoff bereift sein. Während bei langsam fahrenden Lastkraftwagen die Vollgummibereifung ausreicht, müssen schneller fahrende Kraftfahrzeuge mit Luftbereifung ausgerüstet sein. Diese besteht aus dem sog. Mantel und dem Luftschlauch.

Während früher der Unterbau des Autorcifens allgemein aus Vollgewebe bestand, dessen Fäden kreuzweise eng miteinander verflochten waren, so daß es eine verhältnismäßig harte, wenig elastische Wandung für die im Innern eingeschlossene Preßluft abgab, wird heute fast nur mehr Cordgewebe verwandt. Bei voller Fahrt führte die dauernde Durchwalkung des wenig geschmeidigen Vollgewebes zu schädlicher Erhitzung des Reifens. Beim Cordgewebe sind die Fäden weder miteinander verwebt noch verflochten. Sie laufen vielmehr jeder einzeln in Gummi eingebettet parallel nebeneinander her, ohne sich unmittelbar zu berühren oder gar aneinander zu reiben. Die starke und gleichmäßige Durchtränkung des ganzen Gewebes mit Gummi bildet einen besonderen Vorzug des Cordreifens gegenüber dem alten Vollgewebereifen. Cordreifen sind deshalb elastischer und haltbarer und somit billiger im Gebrauch, weil ihre Lebensdauer größer ist.

Die bisher verwendeten Preßluft- oder Hochdruckreifen sind nur dann genügend elastisch, wenn sie mit einem bestimmten mittleren Druck aufgepumpt sind, der im richtigen Verhältnis zur Belastung steht. Durch zu starkes Aufpumpen wird die Elastizität erheblich herabgemindert. Neuerdings ist man von der bekannten Tatsache ausgegangen, daß beim heutigen Automobilreifen ein großer Teil der erreichbaren Elastizität durch das erforderliche harte Aufpumpen wieder verlorengeht. Es lag daher schon immer nahe, das Volumen des Reifens zu vergrößern um so den hohen Luftdruck verringern zu können. Alle Versuche in dieser Richtung scheiterten aber an der technischen Ausführbarkeit. Das bisher verwandte Vollgewebe war der erhöhten Beanspruchung im schwach aufgepumpten Reifen nicht gewachsen. Durch die vermehrte Walkarbeit auf dem Erdboden überhitzte sich schon bei mittlerer Geschwindigkeit der ganze Reifen und ging frühzeitig zugrunde.

Erst die Einführung des Cordgewebes ermöglichte die Fabrikation eines voluminösen und weichen Automobilreifens, des sog. Ballonreifens (s. Abb. 83). Dieser unterscheidet sich vom normalen Hochdruckreifen dadurch, daß er etwa nur den halben Luftdruck

5*

$$s = \frac{v^2}{2p}.$$

Wagengeschwindigkeit in Kilometer pro Stunde	10	15	20	25	30	35	40	45	50	55	60	65	70
Wagengeschwindigkeit in Meter pro Sekunde	2,78	4,17	5,56	6,95	8,34	9,74	11,1	12,5	13,9	15,3	16,7	18	19,4
Bremsverzögerung / Bremsweg s in m													
$p = 1,5$ $s =$	2,6	5,6	10,3	16,1	23,1	31,6	41	52	64	78	93	109	126
$p = 2$ $s =$	1,93	4,3	7,7	12,1	17,4	27,2	31	39	48	59	69	81	95
$p = 2,5$ $s =$	1,55	3,5	6,2	9,7	14	19	25	31	39	49	56	65	75
$p = 3$ $s =$	1,29	2,9	5,2	8,05	11,6	15,8	20,5	26	32	39	46	54	63
$p = 3,5$ $s =$	1,1	2,5	4,4	6,9	9,9	13,5	17,6	22	27	33	39	47	54
$p = 4$ $s =$	0,98	2,2	3,9	6,0	8,7	11,6	15	19	24	29	35	41	47
$p = 4,5$ $s =$	0,86	1,9	3,4	5,5	7,7	10,5	14	17	21	26	31	36	42
$p = 5$ $s =$	0,77	1,7	3,1	4,8	6,9	9,5	12,3	15,6	19,3	23,4	27,8	32,6	38
$p = 5,5$ $s =$	0,7	1,6	2,8	4,4	6,3	8,6	11	14	17	21	25	29	34
$p = 6$ $s =$	0,64	1,45	2,6	4	5,8	7,9	10,2	13	16	19,5	23	27	31,5
$p = 6,5$ $s =$	0,58	1,34	2,4	3,7	5,35	7,3	9,5	12	14,8	18	21	25	29
$p = 7$ $s =$	0,55	1,24	2,2	3,45	5	6,8	8,8	11	13,8	16,7	20	23	27

$$s = \frac{v^2}{2p}. \text{ (Fortsetz.)}$$

Wagengeschwindigkeit in Kilometer pro Sekunde	75	80	85	90	95	100	105	110	115	120	125	130
Wagengeschwindigkeit in Meter pro Sekunde	20,8	22,2	23,6	25	26,4	27,8	29,2	30,6	32	33,4	34,8	36,1
Bremsverzögerung — Bremsweg s in m												
$p = 1,5$ $\quad s =$	145	165	186	206	232	258	284	312	341	372	402	434
$p = 2$ $\quad s =$	108,5	124	139	156	174	193	213	234	256	279	302	326
$p = 2,5$ $\quad s =$	87	99	111	125	139	155	171	187	205	223	241	261
$p = 3$ $\quad s =$	72	82	93	104	116	129	142	156	171	186	201	217
$p = 3,5$ $\quad s =$	62	71	79	89	99	110	122	134	146	160	173	186
$p = 4$ $\quad s =$	54	62	69	78	87	97	107	117	128	139	151	163
$p = 4,5$ $\quad s =$	48	55	62	69	77	86	95	104	114	124	134	144
$p = 5$ $\quad s =$	43	49	55	62	69	77	85	93	102,4	111,5	120,7	130,3
$p = 5,5$ $\quad s =$	39,5	45	51	57	63	70	77	85	93	101	110	120
$p = 6$ $\quad s =$	36	41	46	52	58	64	71	78	85,5	93	101	109
$p = 6,5$ $\quad s =$	33	38	43	48	54	59,5	65,5	72	79	86	93	100
$p = 7$ $\quad s =$	31	35	40	45	50	55	61	67	73	79,5	86	93

hat (durchschnittlich 2 Atmosphären gegen 4 Atmosphären im bisherigen Normalreifen), und daß er bei größerem Querschnitt und größerem Luftinhalt dünnere und geschmeidigere Wandungen hat. Die Vorzüge des Ballonreifens sind folgende: Großes Luftkissen, daher stoßfreies Fahren auch auf schlechten Wegen, Schonung des Wagens infolge der verminderten Erschütterungen, gesteigerte, Durchschnittsgeschwindigkeit, da auch auf schlechten Straßen verhältnismäßig schnell gefahren werden kann, Kraftersparnis und gesteigerte Motornutzleistung wegen verringerter Stoßver-

| Continental Ballon-Reifen. | Continental Type-Ballon. | Continental Hochdruckreifen. |

Abb. 83.

luste, vermehrte Bodenauflage des Reifens, daher erhöhte Sicherheit auf schlüpfriger Straße, Niederdruck im Innern des Reifens, daher hohe Elastizität der Seitenwandungen und Geschmeidigkeit der Lauffläche, leichteres Aufpumpen von Hand, erschwertes Eindringen von Fremdkörpern.

Das größere Volumen des Ballonreifens bedingt eine breitere Felge als beim Hochdruckreifen, gleichzeitig muß aber auch der Durchmesser des unbereiften Rades verringert werden, damit die Gesamthöhe des Laufrades, von der auch das Übersetzungsverhältnis des Wagens abhängt, unverändert bleibt. Der reguläre Ballonreifen erfordert daher die Verwendung von Spezialrädern.

Um dem bisher mit Hochdruckreifen ausgestatteten Wagen die Vorteile des Niederdruckreifens zu ermöglichen, wurde ein Übergangstyp geschaffen, der sog. „Typ Ballon" Reifen. Dieser Reifen paßt auf die alten Felgen und Räder des Hochdruckreifens. Der Luftdruck ist auch hier auf etwa die Hälfte verringert. Die volle Federwirkung des Niederdruckreifens kommt allerdings erst beim regulären Ballonreifen zur Auswirkung, weil dessen Spezialfelge etwas breiter ist und einen noch größeren Reifenquerschnitt ermöglicht.

Abb. 84.   Riesenluft-
Reifen.

In letzter Zeit ist man auch bei Lastwagen und Omnibussen zur Luftbereifung übergegangen. Diese Wagen werden mit sog. Riesenluftreifen ausgestattet (s. Abb. 84). Diese wesentlich elastischere Bereifung hat vor der Vollgummibereifung folgende Vorzüge: Sie läßt wesentlich höhere Geschwindigkeiten zu und erhöht dadurch die wirtschaftliche Ausnützung des Fahrzeuges. Sie schont den Wagen sowohl wie die beförderten Güter. Die Straßenabnützung ist außerdem eine wesentlich geringere als die beim vollgummibereiften Wagen.

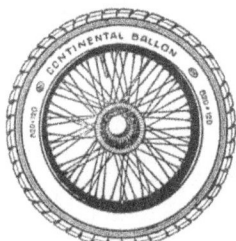

Drahtspeichen-Rudge-Rad.   Kapezet-Rad.

Abb. 85.

Abnehmbare Felgen und Räder. Um einen Reifendefekt schnell beheben zu können, führt man Ersatzreifen mit sich, die entweder auf einer auswechselbaren Felge oder aus abnehmbaren Rädern montiert sind. Die abnehmbare Kontifelge kann durch Lösen von fünf Schrauben bequem vom Rad abgenommen werden. In letzter Zeit werden an Stelle der abnehmbaren Felgen häufig abnehmbare Räder verwendet, die dem gleichen Zweck dienen, nämlich der schnellen Auswechselbarkeit der Pneumatiks und dem bequemeren Mitführen der aufgepumpten Ersatzbereifung. Die gebräuchlichsten Arten dieser abnehmbaren Räder sind das Drahtspeichen- oder Rudgerad und das Kronprinzen- oder „Kapezet"rad.

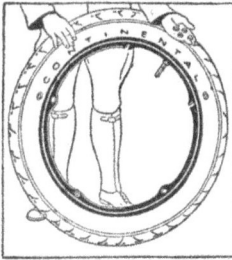

Abb. 86.
Abgenommene Conti-Felge.

Das Rudgerad wird auf die Radnabe aufgesteckt und durch eine Verschlußmutter auf der Nabe festgehalten. Durch den konischen Sitz des Rades auf der Nabe und dadurch, daß das Gewinde gegenteilig zur Drehrichtung des Rades läuft, tritt eine selbstsperrende Wirkung ein. Die Verschlußmutter kann sich während der Fahrt nicht selbsttätig lösen, sie wird im Gegenteil durch die Drehbewegung des Rades festgezogen. Es gehört also zu den linken Rädern ein Rechtsgewinde, zu den rechten Rädern ein Linksgewinde an der Radnabe.

Das Kapezetrad läßt sich nach Lösen von 5 Schraubenmuttern, die um die Radnabe angeordnet sind, abnehmen (s. Abb. 85, 86).

IV. Die gebräuchlichsten Wagentypen und ihre Bezeichnung.

Abb. 87. Ein Daimler aus der »guten alten Zeit«.

Abb. 88. Phaeton, 2 sitzig, offen.

Abb. 89. Phaeton, 6 sitzig, mit aufgeschlagenem Verdeck.

Abb. 90. Innensteuerlimousine.

Abb. 91. Cabriolet geschlossen.

Abb. 92. Rennwagen.

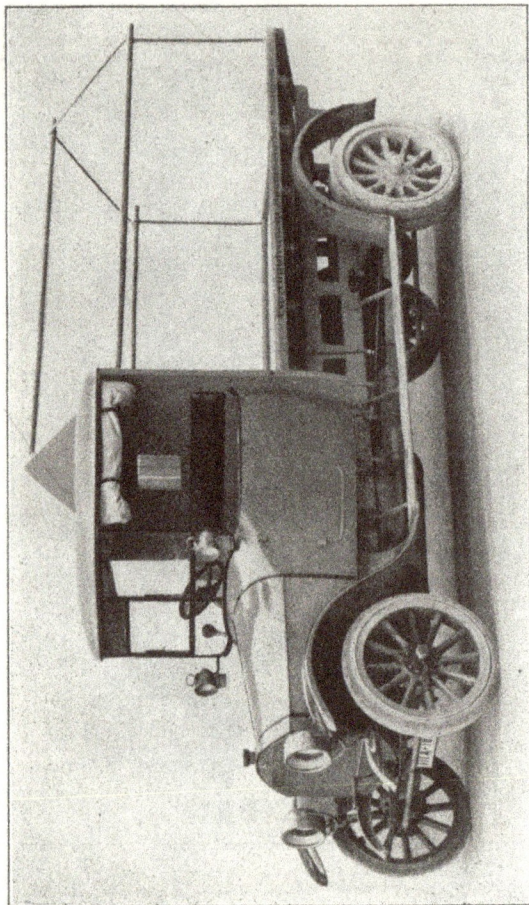

Abb. 93. Lieferwagen mit offener Ladebrücke. Vollgummi bereift.

Abb. 94. Liefer-Kastenwagen.

Abb. 95. Lastwagen mit offener Ladebrücke.

Stahl, Kraftfahrwesen.

6

Abb. 96. Lastwagen mit geschlossenem Laderaum.

Abb. 97. Omnibus, riesenluftbereift.

V. Das Kraftrad.

Die Kraftquelle beim Kraftrad ist von wenigen Aus-
nahmen abgesehen der luftgekühlte Viertaktmotor.
Es werden ein- und zweizylindrige Motoren verwendet.
Die Arbeitsweise ist genau dieselbe wie die beim Kraft-

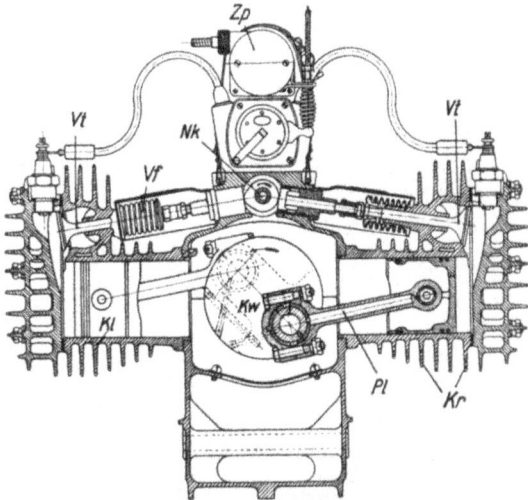

Abb. 98. Schnitt durch einen luftgekühlten Zweizylindermotor.

Kl = Kolben,	Vf = Ventilfeder,
Pl = Pleuelstange,	Nk = Nockenwelle,
Zp = Zündapparat,	Kr = Kühlrippen,
Vt = Ventile,	Kw = Kurbelwelle.

wagenmotor bereits eingehend geschilderte (s. Abb. 98).
Die modernen Krafträder sind ebenso wie der Kraftwagen mit Zwei- und Dreiganggetrieben ausgestattet,
nur mit dem Unterschied, daß hier der Rückwärtsgang

fortfällt. Die Kraftübertragung, d. h. der Antrieb des Hinterrades ist verschieden.

Man unterscheidet in der Hauptsache dreierlei Antriebsarten:

den Riemenantrieb, den Kettenantrieb und den Kardanantrieb.

Abb. 99. Kraftrad mit Riemenantrieb.

Beim Riemenantrieb wird die Kraft mittels eines Keilriemens aus Leder oder Gummi auf die mit dem Hinterrad fest verbundene Riemenfelge übertragen. Diese Art der Kraftübertragung hat den Nachteil, daß sich der Riemen im Laufe des Gebrauches ausdehnt und von Zeit zu Zeit nachgespannt werden muß. Außerdem schleift er, wenn er bei starkem Regen-

Abb. 100. Kraftrad mit Kettenantrieb.

wetter naß geworden ist, leicht durch, d. h. er läuft in der Riemenfelge leer, ohne das Hinterrad mitzunehmen. Aus diesen Gründen ist diese früher fast allgemein gebräuchliche Antriebsart heute mehr und mehr verschwunden (s. Abb. 99).

Beim Kettenantrieb erfolgt die Kraftübertragung auf das Hinterrad durch eine Zahnradkette, die wie beim Fahrrad das Hinterrad in Bewegung setzt. Bei dieser Antriebsart entfallen die Nachteile des Riemenantriebes, weshalb diese Antriebsart den Riemen fast vollkommen verdrängt hat (siehe Abb. 100).

Die modernste Antriebsart bei Krafträdern ist der Antrieb mittels Kardan, wie er bei Kraftwagen heute ausschließlich erfolgt. Vom Getriebe wird die vom Motor erzeugte Drehbewegung durch eine Kardanwelle und Kegelradantrieb auf das Hinterrad übertragen. Die hiebei auftretenden sehr kleinen Veränderungen im Abstand zwischen Motor und Hinterachse, die beim Riemen- und Kettenantrieb keine Rollen spielen, da ja Riemen und Kette entsprechend nachgeben, müssen bei dieser starren Antriebsart durch eine besondere Vorrichtung ausgeglichen werden. Zu diesem Zweck ist nahe am Getriebe eine elastische Hardyscheibe eingebaut, durch die diese kleinen Veränderungen aufgenommen werden. Durch diese Art

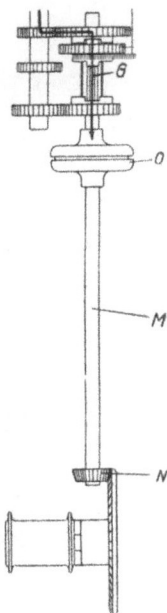

Abb. 101. Schematische Darstellung des Antriebes

O = Hardyscheibe,
M = Kardanwelle,
N = Kegelradantrieb,
G = Getriebe.

des Antriebes, dessen Lebensdauer bei normaler Benützung des Rades eine fast unbegrenzte ist, fallen alle Riemen- und Kettenschwierigkeiten fort, denen sonst die Krafträder ausgesetzt sind (s. Abb. 101, 102, 103, 104, 105).

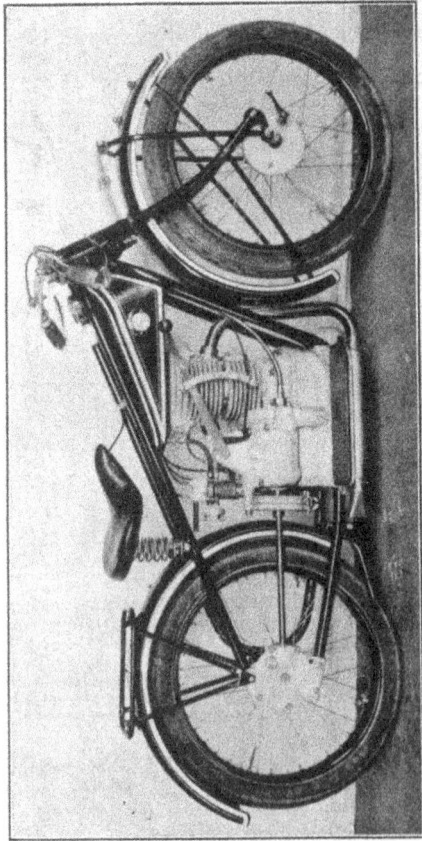

Abb. 102. Einzylinder-Kraftrad B.M.W. Mit Kardanantrieb.

Abb. 103. Zweizylinderkraftrad B.M.W. Mit Kardanantrieb.

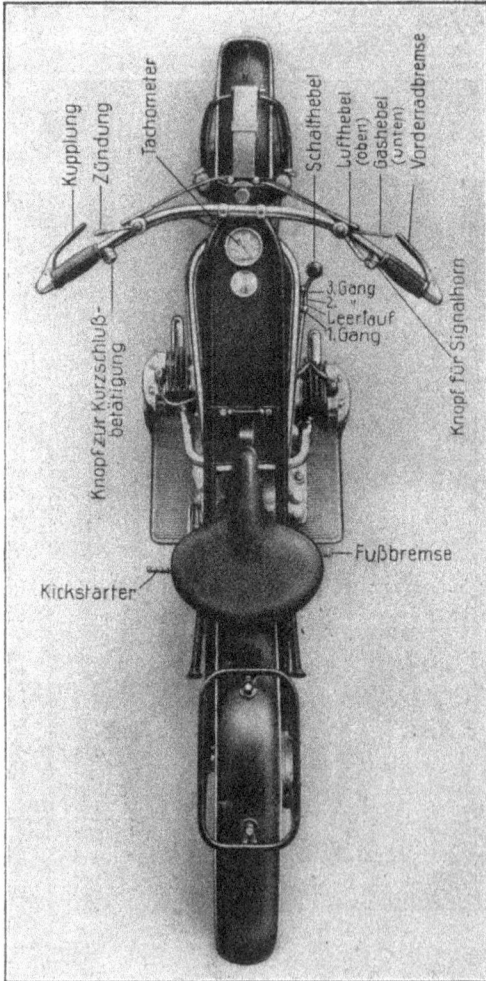

Abb. 104. Die Bedienungshebel am Kraftrad (B.M.W.-Zweizylinder).

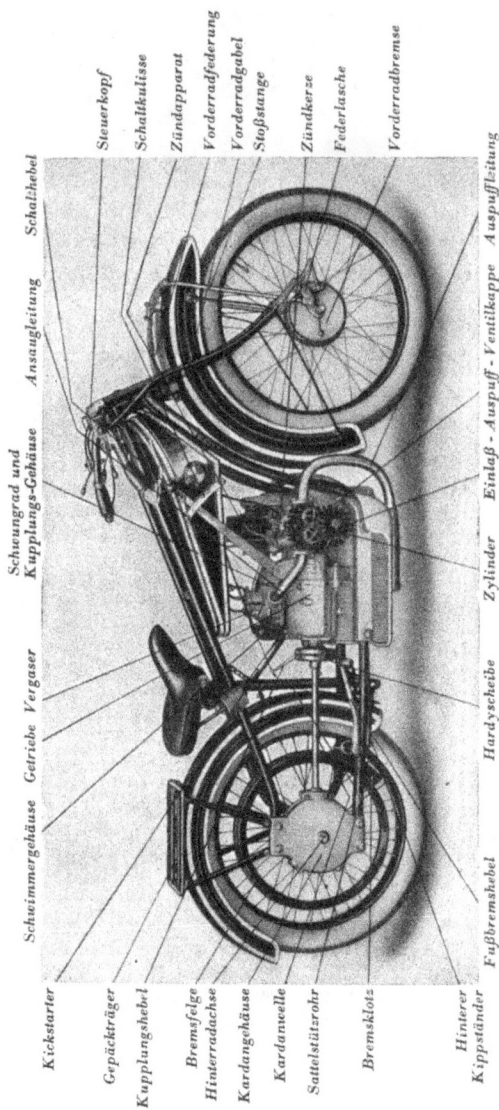

Steuerkopf
Schaltkulisse
Zündapparat
Vorderradfederung
Vorderradgabel
Stoßstange
Zündkerze
Federlasche
Vorderradbremse

Schalthebel
Ansaugleitung
Schwungrad und Kupplungs-Gehäuse
Getriebe
Vergaser
Schwimmergehäuse

Einlaß - Auspuff - Ventilkappe
Auspuffleitung
Zylinder
Hardyscheibe

Kickstarter
Gepäckträger
Kupplungshebel
Bremsfelge
Hinterradachse
Kardangehäuse
Kardanwelle
Sattelstützrohr
Bremsklotz
Hinterer Kippständer
Fußbremshebel

Abb. 105. Die Hauptteile am Motorrad.

VI.

Verhalten bei Vergaser- und Garagenbränden.

Durch Fehlzündungen im Zylinder kann die Flamme in den Vergaser zurückschlagen und diesen in Brand setzen. Durch unsachgemäßes Verhalten in solchen Fällen ist schon manches Fahrzeug vernichtet worden. Vor allem muß sofort der Benzinzufluß zum Vergaser abgestellt werden. Die Zündung darf nicht ausgeschaltet werden. Der Motor soll mit höchster Tourenzahl weiterlaufen, damit das im Vergaser befindliche Benzin möglichst rasch aufgebraucht wird. Sodann öffne man die Motorhaube und suche die Flamme durch Überdecken mit einem Tuch, mit angefeuchteter Putzwolle oder mit Sand und Erde zu ersticken. Wenn es auch meistens gelingt, einen normalen Vergaserbrand bei umsichtigem und entschlossenem Verhalten auf diese Weise rasch zu löschen, so gibt es doch Fälle, wie die Praxis nur zu deutlich lehrt, wo aus irgendwelchen Ursachen, wenn z. B. der Vergaser stark übergelaufen war und sich eine größere Menge Betriebsstoff gleichzeitig entzündet, in denen mit den genannten Mitteln der Brand nicht mehr wirkungsvoll bekämpft werden kann und das Fahrzeug verloren ist. Mit Wasser kann jedenfalls nichts ausgerichtet werden. Alle Mineralöle, wie Erdöl, Rohöl und Rohpetroleum, wie ihre Destillationsprodukte gehören zu den mit Wasser nicht zu löschenden Flüssigkeiten.

Als das geeignetste Mittel zur Löschung von Benzinbränden hat sich der Tetrachlorkohlenstoff erwiesen. Mit den von der Firma Minimax hergestellten Spezialfeuerlöschern für Motorfahrzeuge ist es möglich, nicht nur Vergaserbrände in Kürze zu löschen, sondern auch Benzinbrände größeren Umfangs, wie sie in Garagen infolge unvorsichtigen Hantierens mit offenem Licht oder mit brennenden Zigarren beim Einfüllen von Benzin schon oft entstanden sind, wirkungsvoll zu bekämpfen.

Ein derartiger Spezialfeuerlöscher darf in keiner Garage fehlen. Die kleineren und mittleren Apparate eignen sich ohne weiteres zum Mitnehmen im Wagen

Abb. 107.

Abb. 106.

Str = Stellrad, *St* = Stoßstift.

Abb. 108.   Abb. 109.

und können somit als Wagenlöscher auf der Fahrt wie auch als Feuerlöscher für die Garage gleichzeitig verwendet werden (s. Abb 106).

Die Handhabung ist äußerst einfach und kann der Tetralöscher von jedem Kinde bedient werden.

Neuerdings ist ein Spezial-Feuerlöscher von den Minimaxwerken herausgebracht worden, der Vergaserbrände selbsttätig löscht. Der Löscher ist über dem Vergaser angebracht und nach unten mit Celluloid verschlossen. Sobald der Vergaser brennt, verbrennt das leicht entzündbare Celluloid, und die Löschflüssigkeit ergießt sich automatisch über den Vergaser, wodurch die Flamme sofort erstickt wird.

Die Handhabung des Handfeuerlöschers:

1. Aus dem Sicherheitsaufhänger oder Schutzkasten herausnehmen,
2. Stoßstift einschlagen (s. Abb. 107),
3. am Stellrad drehen bis Löschstrahl austritt (s. Abb. 108),
4. nach erfolgter Löschung Stellrad zudrehen, wodurch der Löschstrahl abgestellt wird (s. Abb. 109).

B·M·W

Das Kennzeichen des
erfolgreichsten und zuverlässigsten

Deutschen Motorrades

Unerreicht in äußerer Formgebung
und seinen Fahreigenschaften

Bayerische
Motoren Werke A.-G. München

VII.

Welcher Weg wird in einer Sekunde zurückgelegt?

Bei einer Geschwindigkeit von km/Std.	Weg in der Sekunde m	Bei einer Geschwindigkeit von km/Std.	Weg in der Sekunde m
10	2,78	60	16,7
12	3,3	65	18,0
15˙	4,1	70	19,4
18	5,0	75	20,8
20	5,5	80	22,2
22	6,2	85	23,6
24	6,6	90	25,0
26	7,4	95	26,4
28	8,0	100	27,8
30	8,3	110	30,6
32	9,0	120	33,4
34	9,5	130	36,1
36	10,0	140	38,8
38	10,5	150	41,6
40	11,1	160	44,4
45	12,5	170	47,2
50	13,9	180	50,0
55	15,3	200	55,5

Geschwindigkeitstabelle.

100 m in Sekunden	ergibt eine Geschwindigkeit von km i. d. Stunde	100 m in Sekunden	ergibt eine Geschwindigkeit von km i. d. Stunde
18	20	9,5	37,89
17,5	20,57	9	40,0
17	21,73	8,5	42,35
16,5	21,82	8	45,0
16	22,50	7,5	48,0
15,5	23,22	7	51,42
15	24,0	6,5	55,38
14,5	24,83	6	60,0
14	25,71	5,5	65,45
13,5	26,66	5	72,0
13	27,69	4,5	80,0
12,5	28,80	4	90,0
12	30,0	3,5	102,85
11,5	31,30	3	120,0
11	32,72	2,5	144,0
10,5	34,28	2	180,0
10	36,0		

Geschwindigkeitstabelle.

1 Kilometer in		entspricht einer Durchschnitts- geschwindigkeit in der Stunde von km	1 Kilometer in		entspricht einer Durchschnitts- geschwindigkeit in der Stunde von km
Min.	Sek.		Min.	Sek.	
3	—	20	1	31	39,560
2	55	20,571	1	30	40
2	50	21,735	1	29	40,449
2	45	21,818	1	28	40,909
2	40	22,500	1	27	41,379
2	35	23,225	1	26	41,860
2	30	24	1	25	42,352
2	25	24.827	1	24	42,857
2	20	25,714	1	23	43,373
2	15	26,666	1	22	43,902
2	10	27,692	1	21	44,444
2	5	28,800	1	20	45
2	—	30	1	19	45,569
1	59	30,252	1	18	46,153
1	58	30,508	1	17	46,753
1	57	30,769	1	16	47,368
1	56	31,034	1	15	48
1	55	31,304	1	14	48,648
1	54	31,578	1	13	49,315
1	53	31,858	1	12	50
1	52	32,142	1	11	50,704
1	51	32,432	1	10	51,428
1	50	32,727	1	9	52,173
1	49	33,027	1	8	52,941
1	48	33,333	1	7	53,731
1	47	33,644	1	6	54,545
1	46	33,962	1	5	55,384
1	45	34,285	1	5	55,384
1	44	34,615	1	4	56,250
1	43	34,951	1	3	57,142
1	42	35,294	1	2	58,064
1	41	35,643	1	1	59,016
1	40	36	1	—	60
1	39	36,363		$59^4/_5$	60,200
1	38	36,734		$59^3/_5$	60,402
1	37	37,113		$59^2/_5$	60,606
1	36	37,500		$59^1/_5$	60,810
1	35	37,894		59	61,016
1	34	38,297		$58^4/_5$	61,224
1	33	38,709		$58^3/_5$	61,433
1	32	39,130		$58^2/_5$	61,643

Geschwindigkeitstabelle (Fortsetz.)

1 Kilometer in Sek.	entspricht einer Durchschnittsgeschwindigkeit in der Stunde von km	1 Kilometer in Sek.	entspricht einer Durchschnittsgeschwindigkeit in der Stunde von km
$58^1/_5$	61,855	50	72,000
58	62,068	$49^4/_5$	72,289
$57^4/_5$	62,287	$49^3/_5$	72,580
$57^3/_5$	62,500	$49^2/_5$	72,874
$57^2/_5$	62,717	$49^1/_5$	73,170
$57^1/_5$	62,937	49	73,469
57	63,157	$48^4/_5$	73,770
$56^4/_5$	63,380	$48^3/_5$	74,074
$56^3/_5$	63,604	$48^2/_5$	74,376
$56^2/_5$	63,729	$48^1/_5$	74,688
$56^1/_5$	64,056	48	75,000
56	64,285	$47^4/_5$	75,313
$55^4/_5$	64,516	$47^3/_5$	75,630
$55^3/_5$	64,748	$47^2/_5$	75,949
$55^2/_5$	64,981	$47^1/_5$	76,272
$55^1/_5$	65,217	47	76,595
55	65,454	$46^4/_5$	76,923
$54^4/_5$	65,693	$46^3/_5$	77,253
$54^3/_5$	65,934	$46^2/_5$	77,586
$54^2/_5$	66,176	$46^1/_5$	77,922
$54^1/_5$	66,420	46	78,260
54	66,666	$45^4/_5$	78,602
$53^4/_5$	66,914	$45^3/_5$	78,947
$53^3/_5$	67,164	$45^2/_5$	79,295
$53^2/_5$	67,415	$45^1/_5$	79,646
$53^1/_5$	67,669	45	80,000
53	67,924	$44^4/_5$	80,357
$52^4/_5$	68,181	$44^3/_5$	80,717
$52^3/_5$	68,441	$44^2/_5$	81,081
$52^2/_5$	68,702	$44^1/_5$	81,447
$52^1/_5$	68,965	44	81,818
52	69,230	$43^4/_5$	82,191
$51^4/_5$	69,498	$43^3/_5$	82,568
$51^3/_5$	69,767	$43^2/_5$	82,949
$51^2/_5$	70,038	$43^1/_5$	83,333
$51^1/_5$	70,312	43	83,720
51	70,588	$42^4/_5$	84,112
$50^4/_5$	70,866	$42^3/_5$	84,507
$50^3/_5$	71,146	$42^2/_5$	84,905
$50^2/_5$	71,428	$42^1/_5$	85,308
$50^1/_5$	71,713	42	85,716

Geschwindigkeitstabelle (Fortsetz.)

1 Kilometer in Sek.	entspricht einer Durchschnittsgeschwindigkeit in der Stunde von km	1 Kilometer in Sek.	entspricht einer Durchschnittsgeschwindigkeit in der Stunde von km
$41^4/_5$	86,124	$33^3/_5$	107,042
$41^3/_5$	86,538	$33^2/_5$	107,784
$41^2/_5$	86,956	$33^1/_5$	108,433
$41^1/_5$	87,378	33	109,090
41	87,804	$32^4/_5$	109,750
$40^4/_5$	88,235	$32^3/_5$	110,429
$40^3/_5$	88,670	$32^2/_5$	111,111
$40^2/_5$	89,108	$32^1/_5$	111,801
$40^1/_5$	89,552	32	112,500
40	90,000	$31^4/_5$	113,207
$39^4/_5$	90,452	$31^3/_5$	113,955
$39^3/_5$	90,909	$31^2/_5$	114,649
$39^2/_5$	91,370	$31^1/_5$	115,384
$39^1/_5$	91,836	31	116,129
39	92,307	$30^4/_5$	116,883
$38^4/_5$	92,783	$30^3/_5$	117,647
$38^3/_5$	93,264	$30^2/_5$	118,421
$38^2/_5$	93,750	$30^1/_5$	119,205
$38^1/_5$	94,240	30	120,000
38	94,736	$29^4/_5$	120,805
$37^4/_5$	95,236	$29^3/_5$	121,621
$37^3/_5$	95,744	$29^2/_5$	122,448
$37^2/_5$	96,256	$29^1/_5$	123,294
$37^1/_5$	96,777	29	124,137
37	97,297	$28^4/_5$	125,000
$36^4/_5$	97,826	$28^3/_5$	125,874
$36^3/_5$	98,360	$28^2/_5$	126,760
$36^2/_5$	98,901	$28^1/_5$	127,659
$36^1/_5$	99,477	28	128,571
36	100,000	$27^4/_5$	129,496
$35^4/_5$	100,558	$27^3/_5$	130,434
$35^3/_5$	101,123	$27^2/_5$	131,386
$35^2/_5$	101,695	$27^1/_5$	132,352
$35^1/_5$	102,272	27	133,333
35	102,857	$26^4/_5$	134,328
$34^4/_5$	103,448	$26^3/_5$	135,338
$34^3/_5$	104,046	$26^2/_5$	136,363
$34^2/_5$	104,651	$26^1/_5$	137,404
$34^1/_5$	105,263	26	138,461
34	105,882	$25^4/_5$	139,531
$33^4/_5$	106,511	$25^3/_5$	140,625

Geschwindigkeitstabelle (Fortsetz.)

$\frac{1}{\text{Kilometer}}$ in Sek.	entspricht einer Durchschnittsgeschwindigkeit in der Stunde von km	$\frac{1}{\text{Kilometer}}$ in Sek.	entspricht einer Durchschnittsgeschwindigkeit in der Stunde von km
$25^2/_5$	141,732	$21^3/_5$	166,666
$25^1/_5$	142,936	$21^2/_5$	168,224
25	144,000	$21^1/_5$	169,811
$24^4/_5$	145,322	21	171,432
$24^3/_5$	146,341	$20^4/_5$	173,076
$24^2/_5$	147,622	$20^3/_5$	174,457
$24^1/_5$	148,760	$20^2/_5$	176,470
24	150,000	$20^1/_5$	178,217
$23^4/_5$	151,260	20	180,000
$23^3/_5$	152,542	$19^4/_5$	181,818
$23^2/_5$	153,846	$19^3/_5$	183,673
$23^1/_5$	155,172	$19^2/_5$	185,567
23	156,520	$19^1/_5$	187,500
$22^4/_5$	157,894	19	189,472
$22^3/_5$	159,292	$18^4/_5$	191,489
$22^2/_5$	160,714	$18^3/_5$	193,548
$22^1/_5$	162,162	$18^2/_5$	195,652
22	163,636	$18^1/_5$	197,802
$21^4/_5$	165,137	18	200,000

VIII.
Polizeiliche Kennzeichen der Kraftfahrzeuge in Deutschland.

RW	Wehrmacht.	III	Kreishauptmann-schaft Leipzig.
RP	Reichspost.		
I	Preußen.	IV	Kreishauptmann-schaft Chemnitz.
I A	Berlin.		
I B	Regierungsbezirk Schneidemühl.	V	Kreishauptmann-schaft Zwickau.
I C	Reg.-Bez. Königs-berg, Gumbinnen, Allenstein u. West-preußen.	III	Württemberg.
		III A	Stuttgart.
		III C, III C, III E übriger Neckarkreis.
I E	Reg.-Bez. Potsdam u. Frankfurt a. O.	III H, III K, III M Schwarzwaldkreis.
I H	Provinz Pommern.	III P, III S, III T Jagst-kreis.
I K	Provinz Schlesien.	
I L	Sigmaringen.	III X, III Y, III Z Donau-kreis.
I M	Provinz Sachsen.	
I P	Provinz Schleswig-Holstein.	IV B	Baden.
		V	Hessen.
I S	Provinz Hannover.	VO	Oberhessen.
I T	Provinz Hessen-Nassau.	VR	Rheinhessen.
		VS	Starkenburg.
I X	Provinz Westfalen.	Th	Thüringen.
I Z	Rheinprovinz.	HH	Hamburg.
II	Bayern.	MI	Mecklenburg-Schwerin.
II A	München.		
II B	Oberbayern.	O	Oldenburg.
II C	Niederbayern	O I	Landesteil Olden-burg.
II D	Pfalz.		
II E	Oberpfalz.	O II	Landesteil Lübeck.
II H	Oberfranken.	O III	Landesteil Birken-feld.
II N	Nürnberg.		
II S	Mittelfranken	B	Braunschweig.
II U	Unterfranken.	A	Anhalt.
II Z	Schwaben u. Neu-burg.	HB	Bremen.
		L	Lippe.
	Sachsen. Ein all-gemeines Kennzei-chen ist für Sachsen nicht vorhanden.	HL	Lübeck.
		M II	Mecklenburg-Stre-litz.
		W	Waldeck.
I	Kreishauptmann-schaft Bautzen.	SL	Schaumburg-Lippe.
		Saar	Saargebiet.
II	Kreishauptmann-schaft Dresden.		

Internationale Automobil-Erkennungszeichen.

D	Deutschland	SE	Freistaat Irland.
US	Amerika.	I	Italien.
A	Österreich.	LR	Lettland.
B	Belgien.	FL	Liechtenstein.
BR	Brasilien.	LT	Litauen.
GB	Großbritannien u.	L	Luxemburg.
	Nord-Irland.	MA	Marokko.
GBZ	Gibraltar.	MEX	Mexiko
GBJ	Jersey.	MC	Monaco.
GBY	Malta	N	Norwegen
BG	Bulgarien.	PA	Panama.
RC	China.	NL	Holland.
CO	Columbien.	IN	Niederländisch-
C	Cuba.		Indien.
DK	Dänemark.	PE	Peru.
DA	Danzig.	PR	Persien.
ET	Ägypten.	PL	Polen.
E	Spanien.	P	Portugal.
EW	Estland.	RM	Rumänien.
SF	Finnland.	SHS	Jugoslawien
F	Frankreich, Algier	SM	Siam.
	und Tunis, Fran-	S	Schweden
	zösisch-Indien.	CH	Schweiz.
G	Guatemala.	CS	Tschechoslowakei.
GR	Griechenland	TR	Türkei.
H	Ungarn.	SU	Union der Sowjet-
			Republiken

Bernhard Bauch · München
PELZMODEN ∗ LEDERBEKLEIDUNG
Schäfflerstraße 3, Telephon 21540   Briennerstraße 8, Telephon 21541

MATHIS bleibt konkurrenzlos in Qualit. Preis, Leistung, Zuverlässigkeit

4/16 PS Viersitzer mit Vierradbremse, Licht, Anlasser, 5 fache
Ballonbereifung, mit amerikanischem Steckverdeck Mk. **3850.-**
7/28 PS Viersitzer mit Vierradbremse, amerikanischem Steck=
verdeck, Licht, Anlasser, 5 fache Ballonbereifung   Mk. **5300.-**
——— **Weitgehendste Zahlungserleichterung!** ———
Sämtliche Mathis=Typen auf Lager / Besichtigung und Probefahrt
unverbindlich / Verlangen Sie sofort Mathis=Kataloge franko!
Generalvertretung: **Autopark CHRISTIAN PACHTNER, München**
Königinstraße 93/95 — Telephon 32901/32902